琴寄政人

大震災・原発事故からの復活

「楢葉郷農家の１０年」の場所

文化科学高等研究院出版局

知の新書
G01

目次

豊間の海岸近くで、津波で巻き上げられた車

うららかな渡部牧場。
だいぶ牛の数もそろってきた。

2021年

福島の海岸で瓦礫処理をしていた私が、次に避難所へ、そしてそこから仮設住宅へお邪魔するようになった。そこで、私は渡部さんと出会った。２０１１年の夏を迎えようとする頃である。訥々《とつとつ》と語る渡部さんだったが、渡部さんの語る力強さに少しずつ気が付いていった。しっかり記録しておくべきだと思ったが、それはもう秋も深まる頃だった。深い場所からやって来る渡部さんの言葉は、震災・原発事故の記録としてばかりではない、人が生きるよすがを持っていた。

楢葉町の仮設住宅への入居は、２０１１年の5月に始まった。渡部さんはいわき市内の仮設住宅担当者として、楢葉住民の健康を気遣い、暮らしの不自由不便を補うべく、毎日住宅の見回りをしていた。ある日は雨どいの不具合を修繕した。引きこもったままの高齢者に、お菓子を差し入れた。あるいは、延々と続く愚痴を聞いて回った。震災の話は、渡部さんをはじめ多くの方から、繰り返し何度も聞かせてもらった。しか

し、その都度それらは別な色彩で現れた。

　そしてそれから10年。小学校四年生の坊主頭だった息子さんは、たくましい姿を渡部牧場に見せている。（写真）

2011・2012年

「自営（農家）に、失業手当は出ないよ」

渡部さんはいつも静かだ。

「老人は今まで国民年金だけで生活できた。家庭菜園やご近所とのお付き合いでなんとかなっちゃうんだ。でも、楢葉から遠く、こんなところまでやってきて、どうしようもないんだ。ご近所だっていない。どこまで行けば何が便利で、肉が安いのはここだとかね」

「気晴らしだってどうやったらいいか分かったもんじゃない。金も気も使うんだ」

「給料補償だってそうだ。その金額は前年度の給料から計算される。もともとオレたちに給料はなかった」

「自営（農家）に、失業手当は出ないんだよ」

四倉の漁港に打ち上げられた船

言われてみれば当たり前のことなのだ。以前、補償金や見舞金は課税されるのだろうか、とニュースになった。それは従来の計算方法で、課税されずにすんだらしい。しかし、そのあとには、牛の賠償金が税の対象になるのかということが、この当時は続いた。

浪江町が個別請求でなく、集団で請求する方針をとった。東電とのやりとりを個別でやることは「戦車に竹槍で向かっていくようなものだ」として集団請求に転じたのは、当時の馬場町長である。浪江以外でも、請求の大変さは「数字の設定」だった。国が除染を「どこまで責任を負うのか」「どこまで金銭的な補償をするのか」もはっきりしない中、一世帯あたり一律「2000万円」という結論をだしていいのかどうか。当時は、ボランティアの弁護士や、町が選任した弁護士たちと勉強会をするという流れの中に、渡部さんたちはいた。

「東電の書類の最後に小さな字で『以後私は一切申し立てをしません』ていう文言があるんだ。そんなのにだまされちゃいけないよね」

「尾瀬国立公園は東電の名義だって知ってる？　昔、水力発電をするために水利権を買ってそうなったらしいんだよ、あの尾瀬もどうする気かね、我々が知らない東電の財産は、きっとまだあるんだ」

渡部さんは静かに笑って話す。

「(牛の) 賠償金はもらっても使えないんだ」

と渡部さんが言う。住まいに戻れるようになって生活ができるようになった時、賠償金は牛を買うためのお金になるからだ。屋外で家畜を飼っていた経営者は大変だという。屋内で家畜を飼っていた業者は、今まで通り外部から飼料を購入するが、屋外で牧場をやっていたものは、敷地内の草を食べさせていた。牧草が汚染された今、そうはいかなくなった。

田んぼや畑は一年間放置すれば土壌が枯れる。元に戻すのには一年で、というわけにはいかない。

「そうだね。雑草もだけどね、柳、あとアカシヤも生えて農地を荒らすんだ」

涼しげに田園・街路にそよぐ柳。柳は「雑草 (木)」だったのか。

この年の3月に、政府の原子力損害賠償紛争審査会は、避難区域見直しに合わせた新指針を決めた。それによると賠償額は、

○ 帰還困難区域 (年間50ミリシーベルト超で5年以上住めない) 5年分一括600万円

○ 居住制限区域（年間20ミリシーベルト～50ミリシーベルト）　240万円（2年分）
○ 避難指示解除準備区域（年間20ミリシーベルト以下）　月10万円

となっている。よく見れば、それぞれ月割りですべて「10万円」だ。共通の額である。

「つまり、避難指示解除準備の区域にいるものは、避難指示が解除されたら、即刻賠償が打ち切りになるんじゃないかと、我々としてはかんぐるわけよ」

新聞記事の小さなカッコ書きの部分「賠償打ち切りの時期は示さず」とはそういう意味だったのだ。避難が解除されれば賠償は打ち切るのが当然、と私たちは考える。渡部さんの顔は静かだ。

楢葉の新しい町長が選ばれた。選挙期間中に、この新指針について説明があった。楢葉の町民はいわき市で行われた国の説明会に集まったが、みんな不満が一杯だったという。

「なんでこんな大切な説明を、日曜でもない普段の昼間にやるんだ」という不満だった。

今年の会津には観光客が戻っているらしいね、渡部さんがつぶやいた。渡部さんは去年、事故から逃れて初めは会津に避難した。あの頃会津の観光地の駐車場はガラガラだった、と言った。そして、賑わいが戻って良かったよ、と言うのだった。

いちいち突き刺さる言葉

「オレはやりたいんだ」

渡部さんは言う。自分の牧場は、表土を剥ぎとって除染すると困ることになる。海岸沿いの土地は、荒くれだった石がでてきてしまうからだ。それでも牛を飼うことはあきらめたくない。汚染された餌を食べれば乳は汚れるが、餌を変えればきれいな乳がでる。

「乳は血液だからな」

だからきっとやれるんだ、と渡部さんは言った。町の住民が順番待ちをしながら帰宅する「一時帰宅」の「4巡目」の日を、今は待っている。２０１１年の9月３０日に解除された楢葉の緊急時避難準備区域は除染されていない。だから宿泊もできない。昼間だけの帰宅だ。

「解除後帰宅２２００人止まり」

という新聞記事を読んでも、私たちは何も感じることがない。一体「避難解除」とはなんなのだろう。この時も地元楢葉では「今度の一時帰宅に参加しますか」というアンケー

塩屋岬近くの堤防

トがとられている。そんな中で開かれた説明会では、「さっさと自由な出入りをさせるべきだ」という意見と、「除染に必要な二年間は警戒区域として誰も入らせないようにすべきだ」というふたつの意見に割れた。どちらにも共通しているのは、「泥棒」への危惧であり、「我が家」への愛着だ。いまだに損保（損害保険会社）の査定も行われていない。その壊れた家屋に損保が「入れない」からだ。

「一時帰宅という形でも『解除』の意味はあるけどね。そんな中、川内村はさっさと帰還宣言をしちまった。一体どうなるのか、と我々は注目しているところだね」

渡部さんの言葉はいちいち突き刺さって来る。

＊混乱しやすい。これは政府が行った避難区域見直しによっている。それまで「緊急時避難準備区域」だったのが、「避難指示解除準備区域」となったことを指す。「何かあったら避難できるようにしておく区域」が前者で、後者は「帰還する準備に入っている区域」という意味である。（下図）

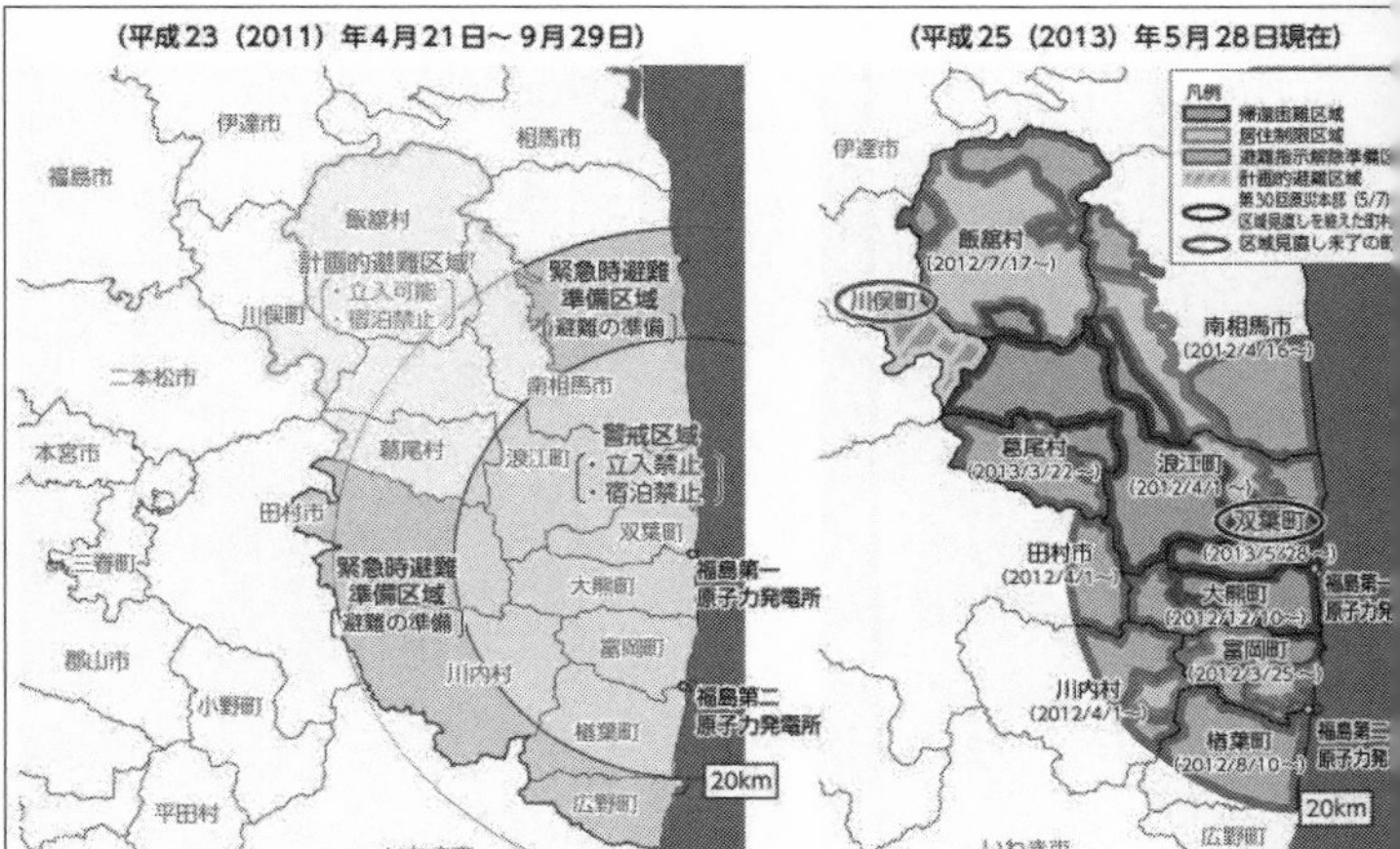

資料：復興庁資料

事故前の相場

2012年初秋、復興を見通すため開かれた福島県大熊町の議会は、五年の間帰還しないことを決定した。政府がこの年の4月に警戒区域再編をしたあと、もっとも線量の高い帰還困難区域で、自治体が帰らないことを決めたのはこの大熊町が初めてである。

福島はどこも大変だが、その中でも双相地区の話は複雑で分かりづらく、重苦しい。私は楢葉の人たちの話を聞く機会があり、特に渡部さんが嫌がらず積極的に話してくれるので、少しは分かることもある。渡部さんが言う。

「よくいう『土地の価格は事故以前の相場で査定して欲しい』って言うけどよ」

「(その時は)ただみたいなもんだったたんだよ」

原発立地地域では、原発建設前に「調査」という名の促進事業に入る。一回5000万円超が自治体の収入となる調査は、建設決定まで毎年行われる。「電源3法交付金」のほかに、広大な敷地に建設される膨大な固定資産税が、自治体に転がりこむ。この資金で立地自治体は豊かな歳入をえる。

この固定資産税のからくりは触れないが、原発立地区域はそのほとんどが「産業も観光もない」場所で選ばれてきた。地価は、渡部さんの言う「ただみたいなもんだった」。そして、原発が完成・運転の後もこの地価は据え置かれた。住民の固定資産税は安いままだった。立地自治体には税収が満ち足りていた。そして今度は、原発立地点の地価は査定ゼロなのだ。

7月下旬に東電は被災者への賠償基準を出した。それによると、土地の賠償額は1㎡あたり1万円だ。これは第一原発のある双葉町の事故前の相場と言える。ちなみに私のお邪魔しているいわき市は約6万円。東電としては「誠意ある回答」なのだろう。しかし、その調停の中で、

・以前のように暮らしたい

・代替地を探して欲しい

などの声が聞こえる。これが当然の要求というのが、ようやく分かった。事故以前の価格で土地を賠償されたところで「前の生活」が戻ってくるわけではない、そのお金でどんな場所にどんな土地を買えるというのか、という意味だった。賠償問題を「土地」に限ってもこれだけの問題がある。自治体ごとに請求内容も方法も変わってくる。双葉町

民が集団賠償請求に踏み切ったのはこの年の3月だ。住民の足元をうかがう東電の下心に、住民がたまらず弁護団をたてたのだ。

震災関連死

震災の年も終盤、復興庁が震災関連死の統計を初めて発表した。首都圏でもニュースにはなった。しかし現地との温度差は、記事スペースの圧倒的違いからも明らかだ。この統計結果は、考えないといけないと思えた。岩手・宮城・福島の3県の「震災関連死の主な原因」が、福島に多いことだ。確認するが、これは「病気」ではなく「死」だ。

○避難所等における生活の肉体・精神的疲労によって　3県合計638　うち福島433
○避難所等への移動中の肉体・精神的疲労によって　3県合計401　うち福島380
○病院の機能停止（転院も）による既往症の悪化増加　3県合計283　うち福島186
○病院の機能停止による初期治療の遅れ　3県合計90　うち福島 51

「原発さえなかったら」と前途を悲観して自殺した相馬の酪農家、原子雲の流れる方向に逃げてしまった飯館村や浪江町の人たち、をまず思いだす。私が震災の年にお世話になった避難所で「7回逃げて避難して、ようやくいわきに来たんだ」と憤りながら話してくれた南相馬の人たち。また、福島から、栃木・神奈川・茨城と転々と逃げ、舞い戻った自分の罪滅ぼしに、と語ったいわきに住むボランティア。私たちの避難所見回りで、「私の話も聞いておくれよ」と催促する高齢の方がいた。数日後、その方が亡くなったと聞かされた。その方の寝起きしていた場所に置かれた花束。

この最後の方は恐らく原発関係ではない。しかし、福島といって原発抜きに考えることはできないというデータだろう。原発から3キロ圏内の人たちは、3月11日から一日の間に少なくとも3回の移動を強いられた。サイレンが鳴ってバスがやってきた。「すぐ明日に戻れる」気持ちでバスに乗りこんだ、と大熊の人が言っていた。避難の仕方も避難所もその都度変わる。防護服の人がお迎えという変化も現れる。

いわきの病院も職員が逃げて、地元の人たちが病院の炊き出しをするということを、私も直に聞いていた。そんなことを思い出させるデータである。

「最終処分」／帰還の可不可

2012年の9月、放射性廃棄物が8千ベクレル／kgを越える廃棄物（以下、指定廃棄物と表記）の最終処分場に栃木県の矢板市が候補地としてあげられ、同じく9月の下旬は茨城県高萩市が名前を連ねる。その後各地は一斉に反対の火蓋を切った。

この半年前の3月に出された「指定廃棄物の今後の処理方針」を読むと、放射性廃棄物が発生した場所で処分、ということになっている。つまり、指定廃棄物の最終処理場は関係都県すべてがするということだ。ただし、東京と岩手に関しては放射線量が低いため、既存の施設で対応が可能だという。宮城・栃木・群馬・千葉・埼玉には最終処分場ができる。そこに各県内で排出された指定廃棄物が送られる。

では福島はどうなっているのか。

「廃棄物は原発のあるところに持っていけばいい」

という勘違いがある。

そこは原発を廃炉中。ゴミ捨て場にできるかどうかは、廃炉になってからの話だ。廃炉まで30年（当時の目安）である。どっかの首相は、速やかな事故の「収束宣言」をし，その後のひとりは「アンダーコントロール」と言ったが。

この当時、福島はすでに「中間貯蔵施設」が、大熊・双葉・楢葉の3町12地区に候補地が選定されている。そこに10万ベクレル／kg超の廃棄物が、30年間の期限で保存される予定だ。この中間貯蔵施設は他県にない。福島にだけある。そして、30年後の最終処分場は「県外」と決まっている。だから「中間貯蔵」と呼ばれる。この意味では「福島県のゴミ」が他県に送られる、という見解はあっている。この時福島県のゴミも5万ベクレル／kg以下に減少しているという見立てだ。もちろん、他県の最終処分場に集結したゴミの線量も半減している。

最終処分場の候補地として選定された自治体の長が「寝耳に水」を繰り返したことがニュースとなっていた。しかし、議会の様子を見聞きすると、選定の作業に自治体は立ち会っている。

これを読む十年後の現在、いまだに先行きは見通せていない。

仮設集会所で、渡部さんが言う。結局、放射能のことが分からないってのが一番なんだと思うけどさ、安全だって言えないわけよ、それで出てくる言葉が

「住民の意向を尊重する」

ってわけよ。だから、富岡町（の一部）や川内町より線量が高いのにさ、福島市や郡山に避難した人が住んでるっていうヘンテコなことも起こるんだ。でもあくまでそれは「住民の意向を尊重」した結果ってわけだよ。「避難指示解除準備区域」より高い線量の地域に、避難してるっていうヘンなことが起きている。

「帰還宣言」した川内村や広野町の住民が二の足を踏んでいるのは、それまで補償されていた（仮設）住居費や光熱費がどうなるのかということが不安なことがある。また、例えば広野ではいま、コンビニが一軒、ラーメン屋が一軒だけとかいう不安だ。それでも国は、「住民の意向を尊重する」って言うんだな。

だからさ、オレたち楢葉の人間は、川内や広野の行く末に注目するしかないんだよ。

国はさ、線量の低い地域は

「安全なんだから『戻りなさい』」

って言えればいいんだけどさ、言えねえんだろうな。そうして

「住民の意向を尊重する」

って繰り返すんだよ。

元通りの生活

「不適切な除染」がニュースを賑わした。渡部さんも、あれは分からなかったよ、だって現場に入れないんだから、と言う。その通りだ。ことの原因は、この時の首相の2011年12月の「事故収束宣言」だと思えた。

危険手当の打ち切り、宿泊費の削減など。東電のコスト削減で工事単価が下がった。それで下請け作業員の待遇悪化が進む。ずさんな除染は、環境省の丸投げだの、ゼネコンの丸投げだのと言われるが、この「丸投げ」を通訳すれば、

「もう事故は収束したんだから、あとは些細なこと」

という暗黙の了解を意味する。一日最高一万円の特殊勤務手当てを、除染作業員に示さなかったことは、当時のニュースとなった。

「除染してもまた線量があがるんだよな」

渡部さんが言う。こういったことはチェルノブイリのお膝元ベラルーシなどでも「原因不明」のこととしてレポートされている。

「山をバックに抱えているところや、林を抱えているところがダメらしいんだ」

以前、南相馬にお邪魔した時も、住居や道路の樹木(の枝)を払って除染しないとダメだ、ということは言われていた。下に（放射線が）降りてくるのだ。

「それでも楢葉に帰りたいんですね」

少し勇気を出して聞いてみた。渡部さんはやはり淡々と答えた。

「オレたちゃ、6代続けてきた農家だよ。原発に通勤する東電家族じゃねえんだ。オレの子どもは、いわきに引っ越してもいいって言うかもしれない。でも、故郷には農地（牧場）がある。先祖からの墓もあるんだ。じいさんばあさんは、絶対に帰るって言う」

さらに、殺処分となった牛のことを振り返って言う。

「そりゃ賠償はされたっていうかも知れねえ。でもさ、あの牛たちは家族なんだよ。そこんとこ東電も賠償機構も分かってねえんだよな」

「元の場所に戻る」ことと「元通りの生活に戻る」ことの違いを、少しだけ分かった気がした。

2013年

「きのこや魚を食べた方がいい」は間違い？

この年、年間被曝線量（1ミリシーベルト）への新たな言及が始まる。佐藤雄平福島県知事の、

「風評被害の観点からも、新たな放射線の安全基準などを政府の責任で示して欲しい」

という要望に応えるように、安倍首相は避難住民の帰還について、夏をめどに見通しを示す意向を明らかにした。政府は、

「1ミリシーベルトにならなければ何にもできない状態では、帰還をはじめいろいろなことが遅れる。段階的な線量基準があってもいい」（福島市で、井上環境副大臣）

という見解を語っている。そして、この発言を、

「最終的にどうするかは地域が考えることだ」

と結んだ。この「地域が考えること」なる発言については、

「被災者に丸投げしてんだよな」

という渡部さんの言葉を思い出す。

除染目標の年間1ミリシーベルトは、「地元の要望」を楯に、「20ミリシーベルトは安全」という基準に移行されようとしている。安全基準の緩和については原発事故後に、作業員の被曝限度が、100ミリから250ミリシーベルトに引き上げられたこと、福島県内の**校庭利用制限の放射線量**が、20ミリシーベルトまであげられたことを忘れてはいけない。

さて、この基準緩和のもたらすものとはなんだろう。第一は、町役場を元に戻した広野町、また、帰村宣言した川内村などが膠着したことだろう。帰村宣言して一年たったあとも、川内小学校に114人いた児童がもどったのは、一割も満たなかった。しかし、彼らが避難した先は、川内村より放射線量の高い地域もある、というおかしなことが続いた。一方、安全基準が緩和されれば帰還する必要がなくなると、これも変な筋書きができあがる。故郷に帰りたいという思いを抱え続ける人々は、同時に、故郷を捨てるのかと、自分を責める人々でもある。

この頃だが、『河北新報』が載せた記事が物議をかもした。相馬の中央病院が、仮設住宅

に暮らすお年寄り（65歳以上）の健康調査をした。その結果、運動機能の極度の低下が見られる。だから、きのこや魚を摂取した方がいい、という病院のアドバイスがあって、市はそのことを啓発した。

それがとんでもないことだ、という反発をもたらした。あちこちのブログやツィッターで、これはひどい、相馬（福島）の人間を殺す気か、という意見がブレイクした。しかし、医者も市も、被曝より恐いビタミン不足なんてことはどこでも言ってないし、福島県産のもの、ましては検査を通してないものでも食べなさいとは書いてない。そんな風に、ことを正確に把握できないぐらいにさせるものが放射能なのだ、と言えるのかもしれない。〇安全な現実を作ることが困難となった結果、〇基準の方を現実に沿った形にしようとしている。

原子力規制委員会の田中俊一委員長が、この年の3月11日、事務局の職員に訓示したという内容である。浪江町の小学校校長からメールが届いたという。そこには「周囲が以前の日常を取り戻す中、浪江の人々は奇妙な小康状態の中にいる」とあったという。おそらくこの「奇妙な小康状態」とは、「忘れたい」という「あきらめ」に近いものが作りだしている。田中委員長は、

「こういう話を聞くたび、原発事故の罪がいかに重いかを、あらためて感じざるをえ

ない」

と指摘している。

原子力規制委員会はまだ機能している。おそらく少なくとも7月の参院選までは機能する。この規制委員会の委員長人事では、「村の人間」がなぜ委員長かと、当時ずいぶん取りあげられた。児玉龍彦氏との激しいやりとりも話題になった。

再稼働加速に向けた政府・経済界と、活断層認定の規制委員会がこの頃、しのぎを削っていた。

楢葉町の思い

① 搾った乳を買ってくれるかな

出会ってから3年、年を追うごとに渡部さんの懐の深さを感じていた。こちらの失礼や無知を差し置いて、ぶしつけな質問を続けた。知らないことがある方がよっぽど失礼なのだ、などとこちらはこじつける。

富岡町夜ノ森の交差点
あたりは震災のあとのまんまだった。初めは点滅していた信号が、さらに奥に入ると点滅さえしなくなった。崩れた家もあったが、立派な構えの家の多くが荒れ放題の地面に残っていた。人影も車もない道に「牛に注意」という看板が立っている。野生化した牛がまだいた。

4月、楢葉町の中間貯蔵施設について、新町長が調査を受け入れた。「調査を認めることは建設を意味しない」という町側と「建設ありきの調査だ」とする町民の間に議論が起こっていた。*

楢葉の除染が終わるという予定が、環境省からだされた。いよいよ牛を買って牧場を再開するのですか、と渡部さんに勢いこんで聞いた。静かに笑う渡部さんである。こういう時は大体、分かってないよな、ということなのだ。

1　牛を買っても、その牛から搾った乳をどこが受け入れてくれるのか
2　牧場に伸びる牧草は、食べさせられない。北海道や外国から買い入れることになる
3　牛を飼う環境（農機具のメンテナンスや獣医）が整うのか

と、先立つ困難を言ってくれた。一番目は衝撃だった。相変わらず何も分かっちゃいない、と我が身を恥じた。

6代続いているという渡部さんの田んぼと牧場は、ひっそりと暮らしを営んでいた。

1966年の原発誘致は、あたりの景色と暮らしを一変させた。立派な公民館やコンサート会場。そして、東電や関連企業の社員が暮らす住宅が続々と生まれた。この時、

* 北海道の寿都町が核のゴミを捨てる場所として調査の対象になった。2021年10月、この調査に賛成か否かを問う町長選挙が行われ、僅差で賛成派の現職が当選した。

零細な村や町に「都市化」あるいは「都会化」という急激な変動があった。おそらく、この目もくらむような都市と農村の「断層」は、見えない形で今も楢葉町に残っている。原発の廃炉とは、こんな「断層」をどうするのか問われている。廃炉のあと、「新しい住民」は出ていくのだろうか。そのあとには、どんなものが残るのだろう。

「限界集落」といったあざけりに満ちた言い方は、原発誘致の動機となった。都市化の流れと農村への侮蔑の「集約点」の原発だった。

「頑張れ日本！」がよそよそしく聞こえる。そして「原発廃炉」もよそよそしく聞こえるのは、きっと、その道筋が誰にもよく分かっていないからだ。

県畜産農協が解散するという『福島民友』（6・20付）の記事があったので、そこから聞き始めた。「和牛」つまり肉牛のことだ。円安の影響で国内牛向けの輸入飼料が値上げされ、結果、乳製品の値上げがされるというニュースだ。

自分の牧場の地面と牧草の線量を計ってOKだったら、敷地内の牧草を牛たちの飼料にできるのではないか、というのはどうだろう。それならば、従来通り牛のエサは自分でまかなえる。素人の浅はかな思いつきではある。

それはできないよ、と渡部さんは即答する。原乳を製品にするプラントは大型のもの

で、県内にいくつもない。農家が持ちこんだ原乳は、

「製品にする時、他の農家が持ってきた原乳と全部混ざっちゃうんだよ」

だから、一軒の農家が持ち込んだ牛乳に放射能が入っていたら、

「福島県の牛乳が全部ダメになっちまう」

渡部さんは優しく、さとすように言う。

②食べた証拠

補償金の話は繰り返し話題になっている。しかし、勘違いもあるようだ。

私は、第一仮設の「行政相談」で、

「アンタは誰か身内を亡くしたか？　家が壊れたか？　何も被害のない人間が私たちの気持ちを分かってたまるか」

と職員に食ってかかった方を思いだす。この人は、自然災害（津波）に対しても、生活やその基盤を行政が面倒見るべきではないのか、と思っている。そして、災害後が「補償されている」双葉郡の人たちに憤りを感じている。それは一定正しいのかもしれない。

しかし、

楢葉の仮設住宅のクリスマス

「東電は原発事故による被災の補償をしてはいても、自然災害によるものは対象としていない」

ことを、私たちは知らない。大熊町・双葉町を襲った津波・地震は多くの家屋を破壊し、呑みこんだ。そういえば、それが原発事故との関連があるのかないのか、という議論があった。関連することだが、東電の賠償窓口に行った楢葉町の人が、避難する時の食事代を請求したところ、

「領収書はあるのか」

と言われたこと、そして、領収書を持参したところ

「避難するかしないかに関係なく、ご飯は食べたのではないか」

と言われたことも聞いた。東電は「合理的」な判断のもとにお金をだしている。

「それで怒ったのが浪江だよ」

と渡部さんは続けた。津波の翌日、行方の分からない家族を探しに行けなかった浪江の家族が怒った。あの時、枝野幹事長（当時）は、

「重大な事故ではない」「格納容器は安定している」

と言った。そしてあの時「事故」は「事象」と呼ばれた。

東電が補償しているのは、あくまで原発による被害のことだった。
○帰る家があるのに帰れない
○地震で家が全壊していても、それを修理・再建できない

ことへの補償なのだ。浪江の人たちが家族捜索できないことを怒ったもので、東電はおずおずと行方不明者への賠償に動きだした。食事の時とは違って、

「どっちみち行方不明になってたんではないか」

と、東電は言えなかったのだ。

私たちは浪江の町民の要求を当然のことだ、とあの時思った。しかし、私たちは、東電が補償するものは「原発事故」に関するものに限定している、とは思わなかった。

「どうしてあの人たちは生活が補償されるんだ」

と、繰り返される双葉・相馬の人たちに対する怒りにも似た疑問を、私たちはある承認をしている。でも、私たちは肝心なことを分かってないらしい。

いつになく渡部さんの言葉は熱くなっていた。

住民税を払わないまま町の住民になっている、という地元の不満について。渡部さんはさらに熱くなった。

いわきに逃げこんだ大量の被災者を支援するのは国ぐるみの対策が講じられている。地方交付税の交付金が、いわきには多く配分される。大量の被災者を、いわき市の住民税でまかなっているわけではない。

☆川内村の補償金☆

しかし、ここでまたぐるぐる回りだす。楢葉町はもちろん、双葉地区の人たちにも二種類（あるいはもっと多く）の人たちがいることを思いだすからだ。

たとえば、東電が一時見舞金を提案したのは2011年3月末だ。その時からずっと、「東電から『見舞い』を受ける気はねえ」と、拒絶している人たちがいる。他方で、そうではない人たちが多いことも事実だ。

ひとつ例をあげて考えよう。川内村の被災者の帰村がまったく進まなかった時のことだ。村長が帰村宣言したのが2012年の1月。3000人いた村民はまだ、16％の帰還だった。報道は、この原因をもっぱら「放射能への不安」と「生活基盤の弱さ」をあげている。私もそれを事実と思う。

一方、この帰還事業のはかばかしくない原因を、東電からの補償金だという意見もあ

る。あまり知られていないが、

「あの補償金をどうにかしないと帰還事業は進まない」

と、前年、川内の村長が『河北新報』に言っている。確かに、一人当たり月10万円の精神的賠償、そして自営（農家もだ）の人たちには営業補償もされることとなった。しかし、住民が村に帰還した段階で、その世帯／家族への補償はなくなる。もとの生活を取りもどそうとすれば、今ある生活はなくなる。

それでも帰っていままでの生活を再開するんだ、という500人の人たちの心意気をたたえるべきなのか、働かずに「衣食住」を約束された生活を続ける人たちの心中を察するべきなのだろうか。

二年五カ月後の『福島民友』

三面にわたった『福島民友』（以下「民友」と表記）の特集から、少し書き抜く。

① 鈍い動き

「地下水の海洋汚染流出問題をめぐっては…原子力規制委員会の動きが、廃炉の当事者であるはずの東電や政府に先行している」という記事によれば、規制委員会が「海に漏れている」と指摘したのは6月。規制委員会はその後、その対策を協議する作業部会を設けている。これを政府・東電が認めるのが7月22日、これは参議院選挙の翌日だった。選挙前にはしなかったのだ。どう見ても仕組まれたこのことは、社内での情報共有ができていなかったのが原因とされている。

② 賠償認定

原発事故による避難で死亡したとして、遺族らが慰謝料などの請求を東電に求めたことに対し、東電は原発事故と死因の因果関係を明確に示すことを強く求めた。東電は因果関係が不明確としている。そして、遺族は医師の診断書を提出した。さらに遺族の各自治体は、この因果関係について「認定している」。しかし、東電側の顧問弁護士は、

「自治体による震災関連死の認定は、まったく証拠とならない」

と指摘している。さらに、自分の方からは「因果関係なし」の証拠は出さなかった。

安否の判明：父の最期を看取れなかった男性。原発事故で、浪江から福島市へ避難したこの男性は、行方の分からなかった父親の入院先を知る。2021年3月30日のことだ。病院に駆けつけるが「二日前に『死亡退院』です」と言われる。遺体を管理する会津若松市に問い合わせたが、すでに火葬が終わっていた。父が死んだ原因がなんなのか、分からないままにになっている、という男性の発言。

渡部さんから資料を渡された。7月発行の『群馬司法書士新聞』(震災対策特別号)である。なぜか群馬だ。この資料の、

「特別寄稿　被災者が生きる時間に寄り添って」(野田正彰)

には、今の現実に通じることが網羅されていた。ひとつだけ書いておく。

民事で賠償を請求できるのは、民法上で3年という「時効」がある。今回の福島原発事故に関しては、時効が「延長」となる見通しだ。しかし、誰でも請求できるわけではない。3年を過ぎても賠償請求できる人とは「原子力損害賠償紛争解決センター(ADR)」に

・仲介申立をした人

さらに、

・そこで和解しなかった人

に限定される。

これだと、3年以内にADRに申立をしないといけない。被災者は東電の膨大な資料を前にし、一体どのように「証拠」を集めたらいいのか苦慮している。放射線の影響が、50年を見積もってしないといけないというのに。目に見えない生活再建を探りながら、そんなことをやらないといけなくなっている。

トリチウム：最近よく話題にされる物質。東電が切り札として開発した多核種除去設備（通称ALPS）でも除去できないとされる。一方、これは自然界にも存在し、体内に取り込まれても蓄積しないため、健康への影響は小さいとされる、と『民友』にはあった。確かにトリチウムの海洋への大量流出に関しても、ニュースでは寛大な扱いだった。

楢葉の明日／広野の顔と声

①機械の精密化

集会所前の空き地が賑わっていた。渡部さんがこっちに歩いてくるところだった。驚いたような顔をしたあと、よっと手をあげ、入ってよ、と集会所を指した。

この日は第8仮設での、会津美里からやってくる農家の人たちの「会津美里マルシェ」という月に一度のイベントだった。新鮮な果物と野菜が並んでいて、安い。リンゴはなんですか、の質問に、津軽だよ、と大きい返事が返ってくる。

集会所にあがると渡部さんが、この人はね、と私を集会所にいた何人かの人に紹介してくれた。相手の人たちは、自分の方はここの住民ていうだけですけどね、という。私はいつものように、いきなり核心の話を持っていく。渡部さんは、そんないつもの流れに不快な顔をしない。集会所の人たちも一緒に、いつの間にか語り合った。

「千葉の研究所（放医研のこと）に行ってホールボディカウンター受けたのよ」

「オレは不検出だったたんだけどさ、別な人は出たんだよ」

第8の仮設は、いわき公園のちょうど谷間にあたる窪地に作られている。「ペットが飼える唯一の仮設でさ。そのせいかみんな仲がいいらしいんだな」

「でも、あの頃（2011年夏）の機械は、300ベクレルまでしか検出できなかったんだよな」

「オレは消防だったから、外にいる時間や場所も他の人と違うってんで、次は柏崎（新潟）に行かされてさ、今度は出たよ。機械も精密になってたからね」

広野町でも2012年から試験的に米の作付けをやっている。しかし、放射線が不検出でも、生産された米は市場にでない。それらは「備蓄米」となる。

「『備蓄米』ってことはつまり、家畜のエサになるってことだよ」

「人が食わねえのを作るってのもつらいもんだよ」

②広野の米・賠償相談

9月、広野町で稲刈りが始まった。収穫された米の全袋検査のことが全国のニュースで流れた。どうやらすべてが政府の備蓄米になるわけではないらしい。ちなみに、同じく2012年1月に帰村宣言した川内村も、収穫米を今日（10月2日）から検査する。

生産者の喜びの顔を見たいと思い、広野に向かった。青空の下の畦道に沿って、彼岸花が真っ赤に咲き誇って、田んぼには黄金の輝きを放って、稲がたわわに実っていた。

二年前（9月30日）まで、広野町は警戒区域で、立ち入り禁止だった。赤色灯を点けたパトカーがひしめいていた。

町役場で聞けば米の販売所もわかる、そう踏んで私は、何度か訪れた町役場の駐車場を降りた。正面玄関に入り、すぐ目に入った「受付」の表示に従って右の扉を入った。暗い顔をした職員が、揃って私に向かい深々と頭を下げた。いくつかのコーナーがついたてで仕切られており、それが部屋の奥まで続いていた。そのついたての陰で、職員らしき人が住民の人と話をしていた。

「賠償の相談ですか？」

暗い顔の職員がひとり、私に近づいて言った。私はとまどい、とっさに
「い〜や、一般の受付はどこでしょうか？」

と返した。すると、相手はまだ浮かない表情で、

「一般の賠償の方ですか？」

と続けた。私はようやく分かった。ここは町役場の受付ではない。相手に、町役場の受付はどこかたずねた。そして、ようやく部屋をあとにする。あらためて部屋の入口をみれば、「受付」表示のあとに「原子力被害賠償相談」とあった。

一階の町民課では、米のことが「分からないので…」と、二階に回された。結局、まだ販売するところまでになってなかった。しかし、その窓口で対応した若い男女の職員は、

「全国ニュースでも流れたせいか、反響がすごくて対応を考え中なんです」

と、嬉しそうに話した。生産者からJAを経由した後の販売になるらしい。何袋か購入して、仲間に渡そうかと思ってはいたが、

「どのぐらい必要ですか」

と聞かれた。少しなんですと言ったが、連絡先を書いていってください、と職員はまた嬉しそうに言った。

この半月ほどあと、町役場からの紹介なのだろう、個人の生産農家から丁寧な手紙が届いた。

農協が分からず、広野町のタクシーの営業所を訪れた。私の話を聞いた受付の女の人が、追いかけるように入ってきた運転手を指して、

「この運転手が今から駅まで人を迎えに行くから、ついてくといいよ。途中に農協があるよ」

と言ってくれた。運転手さんはわざわざ農協の中まで入って案内してくれた。

農協は道路沿いの直販所を教えた。すぐ近くだった。以前は公園や農産物の加工場があったのだろう、広大な敷地がひらけていた。そのほとんどが今は駐車場で、ぎっしりと車が敷きつめられていた。その彼方に、海沿いの火力発電所の煙突がそびえている。

「なんだかよ、ここで集合してからバスで現場（原発）まで行くみてえだ」

直販所に詰めていたおばちゃんたちが、駐車場に車がいっぱいいるわけを説明してくれた。作業員がやってくる朝と、帰る夕方の車の渋滞は、もうすごいもんだよ、と言う。

米のことを聞くと、今日の分はみんな売れてちゃってさ、と笑う。私あてに来た手紙の封筒を見せたが、その方は今日いないという。柏からわざわざ来たのかい、と気の毒そうに、でも嬉しそうに言った。私は配送の手続きだけすることになった。

「でも良かったですね。米を作って売ることになって」と私は言った。

「ホントだよ。小学校も始まったしね」

とおばちゃんが答えた。子どもたちはいわき市内からスクールバスで通っている。広いところですね、と私が外を眺めながら言うと、

「いいところだったんだけどねえ。公園ではいつもたくさんの子どもが遊んでてさ」

すぐ外の公園には雑草が生え、さびの浮いた滑り台やシーソーが風に吹かれていた。

③ 農家と農地

第8仮設に着いたのは夕方だった。集会所に入った私を見て、渡部さんは、

「どうだった？　広野の米は」

と聞いた。私が広野の米を求めて行ったのを覚えていたのだ。私の話のあとに渡部さんは、いくらだった？と米の値段を聞いた。多分コシヒカリだが、10キロ4000円だった。

「少し高いな。肥料や検査があるからな」

と渡部さんは言った。検査は有料なのだ。少しばかり驚く。広野の現在の姿は、明日の楢葉の姿である。どんな田んぼや牧場の未来があるのだろう。

農協は広域での経営、東北農協として牛乳を生産している。福島は福島県全体の牛乳としてラベルに刻印される。

「だから、会津の方からすれば不安なわけよ」

「もともと双葉地区に乳牛の農家は少なくてね」

広野産の米

渡部さんは話す。広野・楢葉・富岡、全部合わせてもわずかだという。

「だから、うちらの地域は県全体のためにも抜けて欲しいって声もあるんだな」

双葉地区の酪農家は営業を放棄しろ、という声だ。

セシウムで汚れた表土をはがすのでもなく、地面を30センチ裏返すでもない、田んぼにゼオライトをまくという方法を初めて知った。ゼオライトがセシウムを吸収するという。

「この補償ってのがよ、難しいんだな」

渡部さんが言う。営業補償として認められているのは5年間。その間にもとに戻さないと、あとは自分の持ち出しでやらないといけない。5年後は線量がさがるまで自分でまかなうということになる。セシウムで汚された表土をはがす方法をとれば、海岸近くの地面に特有な、大きい石がすぐ出てくる。

「じゃ、上に被せる土にどんなものを用意してくれるかって考えるとさ、なかなか難しいよ。粘土や赤土持って来られてもな」

国がどこまで補償する気があるのか、それが分からないんだな、渡部さんはやはり淡々と話すのだ。

この頃、楢葉に予定していた中間貯蔵施設は、選定した場所をボーリングなどで「調査」

している。この施設建設の是非を問う住民投票の実施を町の議会では否決した。渡部さんはこの結果を、過半数の住民がいやだと言ったところで、法的な効力がないからじゃないか、と推測する。

町の人たちは住民投票を実施するように署名運動を展開中である。

広野の直販所を訪れた。もくもくとわき出る火力の煙の下には公園。先日、この公園の除染が始まるというニュースを見た。直販所のおばちゃんが言った。

「この公園の除染も始まるのよ。この間まであったバリケードが撤去されてね」

そういえばこの間あった、背の低いフェンスがなくなっている。子どもが入らないようにあったのだと知る。

「今日は天気の具合なんだか、ホントに煙が良く見えるわ」

「でも、いつも燃やしてるよ」

「私たちちんとこの電気じゃないいんだけどね」

広野火力発電所の煙と公園

「みんな東京に行っちゃうんだよ」

福島の人たちは、『東北電力』から電気を送られている。『東京電力』ではない。

これからどちらへ回るんですか、とおばちゃんたちが聞いて来る。いわき市内の仮設住宅やアパートから、子どもたちはスクールバスを使って、再開した町の学校に通っている。しかし、数は心もとない。

「広野町に3割戻ったってホントかしら」

「でも確かに、赤ちゃんのいる家でも戻ってるとこもあるわね」

私も、楢葉町からいわきに避難して仮設に暮らす人たちに、様々な人たちがいることを知っている。食べるもの使うものなんでも平気な人から、洗濯や洗車まで「安全な水」を買って使っている人までいる。

「人それぞれね」

おばちゃんが言う。誰が悪いというような問題ではないですね、と私が引きとる。悪いのは、と私が言うと、「原発でね」と、声が揃った。

間近で見る
楢葉の第二原発

2014年

町会議員リコール

楢葉の町民有志が、核汚染物質を保管する中間貯蔵施設に関する住民投票要求に動いた。面倒な手続きの第一歩である。

施設建設の是非を問うことができるよう「住民投票実現」のため、町民は選管に署名簿を提出した。住民請求に必要な数は有権者の50分の1である。楢葉町の場合、それは126人だった。全国には知られていないが、なんと、2237人の署名が集まった。これは県内、そして全国に避難した町の人々が、署名して集まったものだと思えば、その勢いを感じないわけにはいかない。

「これから選管は、その署名が正当なものかどうか審査して、住民投票ってことになるかどうか」

「結果を町議会が再審査することになるよ」

いつもの通り、渡部さんはよどみなく話してくれる。すでに一度、町議会は「住民投票は必要ない」という決定をしている。

「結局、最終的な決断は町長がやることになるわな」

思い起こしておけば、法的拘束性のない「建設中止」を町民が決定しても、この中間貯蔵施設建設をくつがえすことはできない。「4月までの動きになるな」という渡部さんだが、

「でも、住民が中間貯蔵施設に反対ってことはもう分かり切ってんだよなぁ」

「署名した人はみんな施設に反対で署名してんだからさ」

と言う。

新聞やテレビ（NHK『クローズアップ現代』）でも、この当時取り上げられた楢葉町の中間貯蔵施設である。楢葉町住民有志が集めたのは、有権者全体の40パーセントだ。

「住民投票必要なし」とした前回の後を引き継ぐ臨時町議会は、住民の過半数と言える請求をどうするか決める。まだ、施設反対なのではない。住民投票の実施をどうするか、を議論する段階なのだ。「施設建設の是非」ではない、「住民投票の是非」が問われ

るだけだ。

前の町議会は住民投票に賛成が5人、反対が6人だった。わずかな差で決まったこの反対の理由を、なぜか大手メディアは報道しない。

「反対しても無理だってことらしいな」

「だったら町の金をどっさり使って住民投票をやることねえってわけだ」

渡部さんはこの理由について分析して見せる。「国が建設すると決めたら、それには反対できない」という貯蔵施設なのだ。

「町のみなさんには納得してもらうため努力する」とは、石原環境大臣（当時）が言ってることだ。しかし、考え直す、とは言ってない。

つまり、この先どうなるか、もう分かる。

○臨時町議会で、住民投票実施が賛成多数で決まれば、楢葉住民は、中間貯蔵施設建設「反対」を決議する

○町と国は相いれない関係に入る

それではどうなるか、この臨時の議会で議員が住民の要求を無視して、住民投票「反対」を決議したら、

「住民は議員のリコールに入るだろうな」

と渡部さんは言うのだった。

もうひとつある。除染しても線量がさがらない。それで、楢葉・南相馬の住民が「再除染」を強く要請している。楢葉町は、再除染や今後の住民帰還の筋道を見通すため、「町除染検証委員会」をたちあげた。子どもたちの被曝を訴えた「涙の国会質問」の児玉龍彦教授が、その検証委員会のトップだ。町長が委員の人選をしたらしい。

「3月末までに答申が出るらしいよ」

と渡部さんは言うのだった。

児玉龍彦座長の楢葉「除染検証委員会」は、「住民の納得」を目的とするらしい。「安全かどうか」が明確にできないから、という苦しい決断と思える。検証委員会はあと二回、3月が最終報告である。

「町が『帰還宣言』を来年出すかその先かというのは大事なんだよ」

渡部さんはつぶやく。あと二カ月足らずで震災から4年目に入る。それから一年たてば5年だ。「5年以上帰れない」地域は「帰還困難区域」となり、もっとも線量の高い地域となる。賠償額がまったく違う。家屋・土地、すべて全額を賠償することになる。

しかし、東電・国はそこで抵抗するだろう。その時、国と東電は、

「楢葉町民のごね得」（環境大臣発言）

という世論をバックにするつもりなのだろう。

「子どもらがスクールバスで、いわき市内から通ってくるってのは、いいのかな」

「だって逆じゃねえのか」

「生活基盤の大体が整ったあとに、子どもが帰ってくるってのが筋じゃねえのか」

「まるで、『子どもは帰ってるんだ。ほかもできねえはずがねえ』みてえな」

「そんなやり方に思えてしょうがねえ」

渡部さんの言葉には、いつも頭をなぐるような力がある。

風評被害

「食べないよ」

事も無げにいうおばちゃんの言葉に、私は耳を疑った。

もう顔なじみとなった広野の農産物直販所、この日は午後から冷たい風が勢いを増して、木やのぼりを激しくなびかせていた。

「こんなに寒いのに、あちこち回ってんのかい？」

おばちゃんが聞いた。苦戦を続けている、いわき四倉の「ニイダヤ水産」のパンフレットを、おばちゃんやお客さんに差し出して勧めた。

「魚かい」

おばちゃんたちはあんまり気乗りしない笑いを浮かべる。やっぱりなと思う。

「どこの魚で（干物を）作ってるんだい」

と聞いて来るのだが、福島産のものでないことぐらいは知っているはずだ。

「孫がいるんだよ」

「娘（母親）がうるさくてさ」

という店番のおばちゃんたちの気持ちは分かる。

話のついでに、

「米はここ（直販所）のを食べるんですよね」

確認のつもりで聞いた。

「食べないよ」

驚いた。二人は何でもないふうに言う。お客さんも笑っている。ここは「線量を測った安全なお米を売っている」直販所ではなかったのか、ようやく生産し販売にこぎつけた「喜びの農家が直営する」ところではなかったのか。

「孫がいるんだよ」「娘がうるさくてさ」

さっきと同じことを言った。ホントですか、もう一度聞く。

「三春のを食べてんだよ」

三春町が広野に比べて、線量がさして変わらないことぐらい知っている。

「こっちの米の方が安心なんじゃないの」

確かめたくて聞いた。

もとはと言えば、国が同心円で警戒区域を決めたことから始まった。広野や川内から郡山や福島に逃げた人たちは、あとになってみれば線量の高いところに避難してしまった。今や帰還の是非を迷っている故郷の方が線量が低い。そんなおかしなことが起きている。

「娘がそう言うんだよ」

また同じことを言った。

「水も買ってるんだよ」

改めて『風評被害』の現実を見る思いだった。当の本人たちが不安に思っていること
を『風評被害』と言えるわけがない。

「魚も米も安全なのに、みんな不安がって買ってくれない」

と言ってる本人たちの現実がこうだ。これを『風評被害』なる言葉の一人歩きと言うのだ。

結局は放射能という目に見えないものとどう向き合うのか、私たちはまだ決めてとなる
手だてを持っていない。

この間まではなかったはずのモリニタリングポストが、直販所の脇に立っていた。除
染中の公園入り口である。数値は「0・164」だった。

「今年になってからできたんだよ」

おばちゃんが言う。

「みんなが安心できるようにって作ったみたいだよ」

隣にいたおばちゃんが、

「山の方では高いってよ」

モニタリングポスト

と付け足した。

貯蔵施設、建設中止

楢葉の仮設でこの話をすると、渡部さんは笑った。

「生産してる人間や売ってるのが、そんなこと言ってんの？」

そして前年の秋に始まった、福島県沖での「試験操業」の時の話になった。

線量検査のあと、このまま築地に出すのはどんなもんかと、もめたのだそうだ。自分たちがまず食べて平気なことを見せてからがいいのではないかという意見が出され、その対象が漁港周辺だけでなく周辺一帯へと、段々に広がったという。

「どたばたやったもんで、築地への出荷はずいぶん遅れたんだよ」

この広野の直販所とは逆のケースということになる。

「BSE（狂牛病）騒ぎの時は、オレたちの牛も売れなかったよ」

その昔、銀座だったら5万円なりの肉を、

「千円で食ったもんさ」

と、渡部さんは笑った。

楢葉町の中間貯蔵施設の建設は、唐突にも中止となった。なんとも興味深い経緯だ。住民はこの施設建設の是非を問うため、驚異的な数の署名を集めた。建設しないと初めから分かっていたら、こんな大変な思いをして署名など集めない。町は初め、

「建設を認めたわけではない」

として「建設のための調査」を認可したのだ。次は、「保管庫」ならという話となった。住民は不安を膨らませる。そして住民投票実施要求に動く。

町長は「高濃度廃棄物の受けいれは困る」としつつも、この住民投票要求に対しては、「私たちが決める問題ではない」、つまり「自分たちの町のことではあるが、自分たちで決めることはできない」としたのだ。しかし直後に、

「建設中止決定」

である。これで予想していた、「議会リコール」にはならない。

「確かに住民の声に押された知事～町長の判断ということがあるだろうな」

渡部さんはそう言った。

「グロテスク」な葛藤

久之浜の人たちがよく言っていたことを思い出す。

「昭和の大合併で、双葉郡の久之浜がいわき市に取りこまれた。おかげで原発事故の時、取り残された」

昭和の大合併とは、1966年のことである。あの時、周辺14市町村が合併され、現在のいわき市となった。その最北端の久之浜は、直後に建設された原発から、実は30キロ圏内にあった。久之浜の北は、事故の後、半年以上にわたり警戒区域となった広野町だ。久之浜は被曝線量も地理的条件も、広野町とまったく同じだった。しかしいわき市長は、事故からひと月もしないうち、いわきの「安全宣言」を行う（2011年4月9日）。もし久之浜がいわきに併合されなかったら、警戒区域となっていた。広野町と同じく避難生活を送るはずだった。久之浜の人たちは、市の出した「屋内退避」におびえ、あちこちに「自主避難」した。すべてがあいまいなままで時間が過ぎた。

2014年当時、借り上げアパートや仮設住宅からスクールバスで学校に通う子どもたちは、広野町の子どもたちばかりではない、久之浜の子どもたちもだった。

「バカ市長が安全宣言出さなきゃ、久之浜も補償金が出た」

しかし、その声を聞いた広野の人たちは、

「広野では、楢葉の方が補償がいいって言ってるよ」と言う。

「警戒区域だったら良かった」のだろうか。

あの時、久之浜ばかりでなく、多くの人たちがいわきから「自主避難」した。確かに動じず、残った人たちもいた。首都圏の危機感との間に、大きなギャップを感じたものだった。また、

「放射能は怖くないんです」

と、気丈に言っていた地元ボランティアの高校生を忘れられない。あの時の、不安とあきらめの色を帯びた声。人々が「大丈夫なのか」という思いと「ここを離れてなるものか」という葛藤に揺れていたことは間違いがない。

その半年ぐらいあとのことだ。郡山の作業から帰って来たボランティアが口々に言った。

「道で線量を測ってると、住民が『おい、なにやってる！』って怒るんだよ」

葛藤はグロテスクな形をとるようになっていた。

当時のいわき市長の影が薄かったことは確かだが、市長が人々の葛藤になんとか終止符を打とうとしたのも、おそらく確かだ。広野町以北の警戒区域となった人々は、緊急配備されたバスで、あるいは自分の車で移動を強制された。いわき市長の「安全宣言」は反発もされたが、それで胸をなで下ろした市民もいた。

私たちは一体なにが「現実的対応」なのか分からないまま、「現実に対応してきた」。


桜が満開になった二つ沼公園の農産物直販所で、いつものおばちゃんたちが、声をかけてくれる。今日はバイクなの？　と言いながら、この「葛藤」について話してくれた。

家屋の賠償金手続きである。

「東電がさ、なかなかウンて言わないんだよ」

「『事故と関係ない』『ここは適用されない』ってさ」

「好きでほっといたんじゃないのに、放置による劣化は賠償の対象にならないって」

だから途中でやめたという。

「でも、30万円はみんな一律で出るんだよ」

そのお金で、またあちこちでいさかいが起きた。

「久之浜は広野がずるいって言い、広野は楢葉の方がいいって言ってよ」

おばちゃんの隣で、

「やだねお金がからむと。いやな話ばかりだよ」

「だからあたしは最初からそんなのいらないって、なんにももらわなかった」

と、別なおばちゃんが言った。

浪江の気持ち

渡部さんは仮設住宅の担当を移っていた。高久地区を離れ、山の頂上を思わせる仮設からは、いわき平地区が見渡せた。

「マンガを見てないからなんとも言えねえけど」

そして、必要以上の不安をあおるのはよくないが、と言ったあと、

「双葉の町長までつとめた人の言うことなんだ」

「国はきちんと受け止めて、調査すべきだろうな」

と言うのだった。4月発行の漫画『美味しんぼ』福島特集をめぐっての出来事である。ちなみに、この中の井戸川前町長の発言に対して石原環境大臣が不快感を示したことを、前町長は激しく怒っている。

「あの人（井戸川町長）は、自分の全身の体毛が抜けたって前から言ってた」

渡部さんは言った。

その後、双葉町がこの町長発言も含めて『美味しんぼ』に抗議した。

「マンガ掲載のあと、県産農産物が買えない、福島県に住めない、旅行を中止したい」

と、町役場に連絡が寄せられている。

「風評被害をあおり、復興の妨げになる」

という抗議だ。

さて、全国の人々がまず気がつかない、福島県内でさえ関心のある人しか気がつかないことが、『美味しんぼ』に抗議のあった同じ日に起きている。浪江町民の甲状腺検査を、全国の病院（57カ所）でできることが決定した。無料だ。これで県内外に避難している浪江町民が検査を受けられる。

青森・山梨・長崎など、広域にわたって県民を対象に調べた、甲状腺ガンの調査結果が発表された。3月末に環境省は、

「福島県と発生頻度は同じ」「放射線の影響はない」

という報告を出した。しかし、浪江町民が全国の避難先で検査を受けるということは、浪江町民がこの調査結果を、

「信じていない」

ということを示している。今、福島ではこうして「風評被害」なる物言いが、「隠蔽」なのか「差別」なのか、せめぎ合っている。

渡部さんは、楢葉に帰りたいと言う。帰れるんだと言う。児玉教授たちの調査でも、山側やホットスポットを除いて、年間1ミリシーベルトの範囲内に納まっている、という。

でも、

「『決意』したから帰る、ではないんですよね」

と、私は確かめずにはいられなかった。笑って、大丈夫だよと渡部さんは言った。しかし、

「息子はいわきの高校に行くっていうし、そうなりゃ昼間はいわきにいる」

「だから大丈夫だろう」

と、続けるのだ。一日中いる渡部さんはどうなの？とは聞けなかった。

後遺症

①「心臓疾患」

「心臓が張るんだよ。水がたまるらしいんだな」

おじちゃんはいわきの仮設で言った。支援の味噌・醤油を配布する時、おじちゃんはいつも軽トラを出してくれる。大工さんだったおじちゃんが、心臓を悪くして仕事ができなくなった。それはずっと前、あるいは最近のことだと勝手に思っていた。

いつからなのだろう、聞いてみると、心臓に違和感が発生したのは、原発の事故のあとだという。東電の審査項目の中には、事故のあとの過ごし方や場所もあった。事故のあと遠くに逃げたものが病気になったとして、それが放射能のせいだとは言わせないぞ、と東電は対処していた。おじちゃんは、「いわき市の指示」に従って、久之浜の自宅で「屋内退避」していたのだ。

すぐ隣で大きな声でおしゃべりを続けるおばちゃんたちを見ると、私だって毎日こんなに薬を飲んでるよ、と両手を器のようにして笑った。

「賠償の対象になる病気とそうでないのがあるんだよな」

とおじちゃんが言う。どれだけの人がこの事実を知っているのだろう。いやきっと誰も知らない。東電は原発事故のあと、「心臓疾患」になった警戒区域の住民に対し、賠償をしている。おそらく、これらのことについても東電は、「因果関係は不明」としていることは間違いない。しかし、このことについて東電は「責任の一端を負って」いる。金額は微々たるものだ。でも、そうなる道筋はひと通りではなかったはずだ。

あの『美味しんぼ』の鼻血のことを、また思い出す。

②『美味しんぼ』

ビッグコミックスピリッツの『美味しんぼ』特集号（5月19日号）を買った。「総合誌もかくやの充実ぶり」（斉藤美奈子）だった。そこには、

「根拠のないものを振り回さないで欲しい」意見に対し、「科学的根拠がある」議論が

展開されている。

確かに数値的なことで、厳密さを欠いた部分があったようだ。そして、井戸川町長の「福島（全体）が住めない」発言は、今までの『美味しんぼ』の、「丹念な取材や執筆の努力を台無しにする」と、指摘したのは臨済宗住職の玄侑宗久である。ちゃんと『美味しんぼ』を読んでの発言である。この発言が一番まじめだったのではないか。みんなまじめなのだが、どれもそれぞれの立場で「相手の非科学性を批判する」ように見えた。

私も当初は、「科学的な視点」で「不安や恐れを持つべきだ」と思っていた。でも、決してとれない不安は残った。こんな時いつも渡部さんの言葉を思い出す。

「国がずっと『安全／安心』って言ってきた原発が壊れたんだよ」

「それで今度は食品100ベクレル以下は安全」

「年間被曝量20ミリシーベルト以下は安心」

「……て言われてもな……」

この特集号でもうひとつ、注目した発言がある。小児科医の山田真である。震災後、山田氏はすぐ福島入りした。直後の氏の福島報告（新聞『救援』）を目にした私はたまらず、

「福島の子どもたちは、給食で県内産の食物を食べさせられている」

「福島の人たちは、国・行政に抑えられて放射能の不安を言えずにいる」

二点への疑問を申し立てた。

いわき市で頑張っている議員さんから、給食食材については、

「遠方、最低でも『県外』のものを使ってもらっている」（2011年当時）

という発言を私は確認していた。だから一点目は、

「『福島』の給食とは、一体福島のどこを指しているのか」

だった。そして以前、ボランティア仲間が放射線量を測っていた時、

「おい、なにやってんだ！」

と言って彼らをとがめたのは、役人でも警察でもなかった。国や行政からの圧力で不安を言わないのではない、というのが現実だった。

特集号の山田氏によれば、かつての見解は、どうもだんだん「修正」されたらしい。氏はもちろん、健康調査や安心な避難先での生活という点で、国の言う帰還推奨を批判している。でもこう言う。

「『美味しんぼ』では、福島の方々の避難を求めているようです」

これは、かつての山田氏の見解にほかならない。しかし、これが避難している人々の

健康相談をしているうちに変わったという。「様々な事情で避難できない人」に、「『ここにいるのは危険だから逃げなさい』と言ってもむなしいのです」と言う。山田氏と玄侑氏に、共通のものを見たのである。

『新しい仕事』

「光合成によってできるもの、つまり『花』『実』は無事でも、下から吸い上げる水を養分の中心してできる『山菜』や『竹の子』はだめらしいんだ」

渡部さんが言う。では、自宅の牧草を食べさせた牛からは、セシウムが検出される、ということになるのだろうか。

渡部さんは、ゆっくりうなずいた。自分の農地の牧草で育った牛から乳を搾るという楽しみは、最新の調査で分かってきたことによれば、暗い先行きのようだ。

「セシウムの満ちた水田で、それらをゼオライトで吸着し、カリウムを与える」ことで、放射能のない米が収穫できるという、前にも書いたマジックのような話は、

「そんな苦労をしたところで、果たしてどれだけの消費者が購入してくれるのか」

という生産者の不安を呼ばないわけはない。この話には、まだ苦労の種がある。

「稲がカリウムと間違えてセシウムを取り入れないように」

「カリウムを休みなく水田に満たさねえといけねえんだよ」

「川からの水を取り入れる前に、その吸水口に、フィルターの取り付けもやんねえといけねえ」

そして、線量検査もただではない。「核被災」のないところと比べれば、それはもう、

「高くつく米になってしまう」

ここで米の販売を始めた広野のことを思い出せば、広野から遠い人たちが、

「安全なんだからどうして買わないんだろう」

と思いつつ、自分ではまず買わない。その一方で販売者は、

「私達は食べないよ」なんて言ってる。

双葉郡で、再び農業を継続する考えのある人たちが、びっくりするぐらい少なかったアンケート結果が報道されている。渡部さんが言う。

「そのうち国は、オレたちに『農業をあきらめろ』って言いそうな気がすんだな」

でもさ、と続ける。

「毎日仮設住宅で、こうしてみんなの様子を見て回ってるけどさ」

「自分でなにやってんだ、いつまでこんなことやってんだって思うよ」

「この先『新しい仕事』っていうけどさ」

「中年をすぎた我々が、知らない場所で『新しい仕事』ってのはないよ」

「自分の農地／牧場が、オレたちにはあるんだ」

渡部さんの話は、いつもこの場所に戻ってくる。


浪江町は慰謝料を町全体として請求している。今月に入ってすぐ「5万円増額」という和解案が出されたが、東電は拒否した。「原子力被害賠償紛争解決センター」は、文部科学省直轄のものだ。それを東電が拒否している。和解の調停という道を選んだ理由は、もうこれ以上待てないという町民の気持ちが見えている。渡部さんは語る。

「オレたちは就業補償として、東電から給料全額を受けとれる」

それで家にゴロゴロしている人もいる。パチスロやアルコール依存への道が開かれる。

そして、原発災害賠償のないいわき市民の、冷たい目も生まれた。

楢葉インター：高速インターチェンジは、原発隣接地域の緊急避難路としての位置づけだった。富岡町と楢葉町の境に第二原発はある。「中間貯蔵施設」を拒んだ楢葉町は、１０万ベクレル以下の「保管庫」の建設が予定されていた。高速のインターとは、「施設建設と、その後の廃棄物を運搬する時に必要となる」ということだ。

補償を受けながら働く人もいる。すると働いた分は補償から差し引かれる。渡部さんは今の仕事をしているため、就業補償の半分を差し引かれている。

「でも働かないと、家庭が崩壊しちまうよ」

「オマエは毎日一体なにやってんだって家族から思われちゃうよ」

渡部さんは続ける。でもさ、前は牛とばっかり話してて人と話すのが苦手だったオレが、「この仕事を始めて仮設のみんなと話しているうちにさ」「人と話すの、慣れちまったよ」と言ってまた笑った。

去るもの／戻るもの

「この人が、ここの蕨《わらび》はダメだって言ったんだよ」

広野町二つ沼の直販所のおばちゃんが言う。首から名札をかけた、県の職員が首をすくめて笑っている。この日は県からの飛び込みで、品物にチェックが入ったらしい。

「いや、栽培したものはいいんですよ」

とあわてたように職員は言う。しかし、今まで野生の山菜を楽しみに摘んでいた人たちが、わざわざ栽培などするものか、と思う。おばちゃんたちは、

「私たちは『自己責任』で、勝手にとって食べてるよ」

などと言っている。

ここで栽培すれば米も野菜も高くつきますね、たいへんですよね、と私は切り出した。

「サンプル調査で、五百グラム必ずミンチにされるしね」

「ゼオライトとカリウムを撒くしね」

そうか、畑にも撒くのだ。

コーヒーを出された私は、テーブルに腰掛けておばちゃんの話を聞く。戦争が終わり、

「ここに帰って来た父は、なんにもしてくれない国をあてにせず、自分で木を切って切り株を掘って農地にしたんだよ」

「その父の跡を継ぐのは私たちで終わり」

「私たちの子どもらが農業をできるわけがない」

「箸より重いものを持ったことがないんだから」

「原発事故はちょうどいい機会だ、ぐらいにしか思ってないよ」

「いわきにマンション買って、あの子たち出てったよ」

手塩にかけた農地が、ダイナミックな力の前に離散していく。

「でも、広野の米はおいしいよ」

おばちゃんたちは、いつものように言う。

「川の水がきれいだからね」

広野の川は放射能が不検出だ。

渡部さんの「東電の補償金だけで生活をしてたら人間としてダメになる」という話を思いだす。それを言うと、

「それにさ、年末調整に給料分の税金がかかるんだよ」

広野のおばちゃんたちも付け足す。


この一年あと、広野町二ツ沼の直販所で、繰り返された言葉だ。

「帰って来たくないんなら、帰って来なきゃいいんだ」

「『小さい子がいるから帰れない』だって。そんなのウソだよ」

「この原発事故を幸いに出て行くってだけの話だよ」

「人気《ひとけ》がないだの、店がないだの言うのは帰って来なくていいよ」

「どうしてそんなに強いんですか？」

おばちゃんたちに聞く。すると、間を置かずに言う。

「アタシはあの年（2011年）は7月に広野に戻ったよ」

広野は、まだ避難指示が続いていていた。

「広野は水道も電気も大丈夫だったんだ」

全区域ではないが、そうだった。

「アタシは電気も水道も、一度だって止めなかった」

「すると、お金（慰謝料／補償金）は出ないんだ」

「でもお金なんていらないよ」

センベイを出してくれたが、話の方に集中してしまう。

「もういい加減自分たちのことは自分で考えなきゃいけないんだよ」

「甘えるのもいい加減にしろって」

なぜか、妙に力が湧いて来る。

いわき高久中央仮設の集会所で、ポータブルタイプのゲームをしながら、タカシが言う。

「早く広野に帰りてえ」

タカシは今年、いわきの定時制高校に入学して、ここの仮設住宅から通っている。震災当時のことを克明に話してくれた。

「3月12日（一号機が爆発）は逃げなかったんスよ。みんな逃げてましたけど」

「すごかったですよ、サイレンや人の声が。町がバスを出しました」

「でも、14日（三号機が爆発）はさすがのオヤジもこれはヤバいって」

「町のバスで逃げようとしたんだけど、そん時はもうなかったんですよね」

「あわてて町役場に行ったらまだ職員の人がいて」

「じゃ、町の車を手配するからって言ってくれたんです」

「そして、高専で避難所暮らしです」

「初めは体育館で、そのあと体育館は使うからって、次は図書館」

「図書館で飯づくりしましたよ。コンロが使えたんですよ」

「次は家庭科室だったかな。あちこち学校のなかを回されましたね」

「そしたらある日、湯本の旅館に移れって。もう旅館は最高でしたね」

「避難所では固くなったおにぎりだったのが、次はお弁当」

「それが最後は旅館の豪華なご飯」

タカシの父は、川俣で除染の仕事をしている。前から東電の関連会社で働いていた。

「オヤジは富岡と浪江の検問を通って川俣の仕事場まで行くんですよ」

川俣は二つの町より北にある。第一原発は、富岡町と浪江町の間を大きくまたがっているから、富岡→第一原発(の横)→浪江を縦断して初めて川俣に着く。国道6号線を使ってである。その高線量の区間を毎日通って、タカシの父は仕事場に向かっている。

「オヤジは家のちっこいワゴンに、もうオレたちを乗せてくれないッス」

「(放射能が)危なくて乗せられねえってことらしいです」

まあ、Jビレッジ付近で作業員は大型バスに乗り換えるはずだが、父親の気持ちはそうなのだと思われる。その父が、それまで持っていなかったバイクの免許を、震災後に取得したという。

「カワサキのゼファー400ですよ」

「ハンドルをこうやって曲げてね。また音がいいんスよ」

その後、絶対あたらないと思っていた町営復興住宅の抽選に当たった。

「早く帰りてえ。ここはもうあきた」

「前みてえに広野で遊びてえ」

私はゆっくりバイクの身支度をし、小高い場所の仮設住宅を見上げた。すると、外で立ったままタカシがまだこっちを見ている。私は手を振って走り出した。タカシはずっとそのままだった。

天神岬

「木戸川を越えてすぐ、天神岬ってのがあるから」

「そこに行くと『しおかぜ荘』って温泉が、無料でやってるよ」

行ってみな、と渡部さんが言った。

少し風はあったが、いい天気に便乗して出かけた。

天神岬からは、大きく空に突き出た広野火力発電所が、海にぽっかり浮かんで見える。(次頁写真)

しおかぜ荘：天神岬公園には、レクリエーション施設、レストラン、ペンション群が現れる。この町の人口が七千人だったことを考えさせる施設だ。この頃、広大な公園やキャンプ場に見えたのは、除染作業をする人たちのまばらな人影だけだった。そして広い駐車場には、除染に従事するという、仮設の作業員の宿舎がどこまでも続いていた。しおかぜ荘はこの大型施設の奥にあった。入口の看板に、この施設は原発のおかげで建っている、とうたっていた。

壊れて、その修理には多くの時間と費用を要した。なるほどである。

「地震で死んだ人は、火力では誰もいなかった。すぐに逃げるように訓練されてたんだろうな」

と、渡部さんが言っていたことを思い出した。

その火力のすぐ右手には、おびただしい汚泥袋が横たわっていた。

「鮭の放流を、事故のあともずっと木戸川でやってるんだ」

「一昨年も去年も放射能は出なかった」

立冬の頃に鮭があがってくるんだよ、今年はどうなるか、と言う渡部さんの目は遠くを見ている。そして、

「牧場再開のカギは、大型家畜の獣医が戻ってきてくれるかどうかなんだよなあ」

とつぶやく。獣医の避難先が「長崎」だったのである。九州のですか、と思わず確かめた。

「去年は暮れの外泊願を申し込まなかったんだよ」

「去年の12月って寒かったろ。だからさ」

渡部さんが、一昨年の暮れの話をしてくれた。電子レンジと電器があるから、米を炊いてこっち（いわき）で買って行ったものをあっためる、暖房は炬燵とカーペット。

「お風呂はどうしたんですか」

私が聞くと、渡部さんはニコッと笑って、

「ほら『しおかぜ荘』があっぺ」

暮れに皆さんが帰宅する時は、特別に夜の8時まで開いているのだそうだ。

気になっていた新米だが、放射能は不検出だったそうだ。ただし、四袋だけ出た。50〜75ベクレルだった。ん？食品は100ベクレルまではよかったのではないか。

「いや、米は主食だから、他の食品とは区別して、水や牛乳と同じなんだよな」

この日の私の「無知を知る」一番目である（調べたが、厚生労働省の出した基準値に、米の特別扱いはなかった。しかし、50ベクレル以上で審査が通らなかったのは事実である）。

二番目は、中間貯蔵施設だ。この一月に廃棄物運搬を始める予定が、五月までずれこんだ。大きな理由は、候補地（大熊／双葉）の地権者が、候補地を「売るのでなく貸す」ことを主張しているからだ。

「(国に土地を) 売ったら、国はそこを中間貯蔵地でなく最終処分地にする」と思うからだ。それにしては、廃棄物の運搬を試験的にやることが、ニュースになっている。運ぶ先の土地は、民間会社が提供するという。すでにここまでの情報でも、首都圏にいたら分からない。そしてさらに、施設ができてもいないのに運ぶ、という。

「運ぶ時のルートや道路の状況を調べるテストらしいな」

町政説明会にまめに出席している渡部さんだから分かる。

今年は楢葉の米を食べたい、そしていつか、渡部さんの牧場でとれた牛乳を飲みたいと思う。

久之浜海岸を通った。地震で崩れた山の、またその一角が形を変えていることに気づいた。地肌を見せる斜面に、新たに崩れた木々が重なっている。

2015年

3・11を話す、おばちゃん

第一仮設で、おばちゃんたちのごま和えやお新香をいただき、雑談する。

「うちの嫁と来たら、百歳のばあさんでも着るような地味な服買って来てよ」

「一体オレのこと何歳だと思ってんだ。まだ92歳だど」

などという悪態を笑って聞く。


私たちが4年以上にわたって続けてきた第一仮設での支援だが、2月14日(土)で「定期的な物資の支援」を最後にする。しかし、特に必要な時がくればやると思うし、物資の支援でないことも仲間と考えている。

ひと区切りということを考え、いわき社会福祉協議会(社協)に出向いた。ずっと顔

第二原発のすぐ足元まで。波打ち際まで原発の施設が見える。第二原発はよく危機を脱したものだ、と改めて感じる。津波の傷跡がまだ生々しい。

を出していなかった。２０１１年当時は意見に食い違いもあって、ぶつかったこともあったが、所長さんは懐かしそうに迎えた。

「今度は『自分たちの家』にしないようにしたいんですよ」

と、復興住宅の集会所の扱いについて言った。

集会所開放の訴えに対して、言ったことである。確かにみんなが集まるのはいい、しかし、その集まりが新しい風を拒んできたのも確かなのだ。「自分たちの家」にせず、みんなが気軽に集まるというのは、どっちみち難しいことなのだと思った。昔のコミュニティの強さと狭さは、良くも悪くもあるのかもしれない。

私が2月１４日での「区切り」を言うと、

「これからは支援という形は終わりにしたいですね」

所長さんが言う。私が不思議そうな顔をすると、

「福島に遊びに来て欲しいんですよね」

と続けるのだった。どんな形がいいのだろうと、私はぼんやり思うだけだった。

集会所を温め、お茶を用意し、おばちゃんたちは私たちを待っていた。大型のタッパー

支援物資の例

には作りたてのごま和えとサラダ、そして、キュウリと山芋のぬか漬けが用意されていた。

「この間、美味しいって言ってたっぺ」

だからまた作ってきたんだよ、とごま和えを勧めるおばちゃんの言葉に、この日駆け付けた仲間たちがお茶請けを小皿に盛る。座りなよと言われ、立食の形だったみんなは、部屋の隅にあったパイプ椅子を用意する。二重の車座。


おばちゃんたちが、あの日の話を始める。「始める」というより「始まる」と言った方が正しい。集会所にひとりやふたりしかいなくても、やはりおばちゃんたちはあの日を話す。つらくて口を閉ざすひとと、つらくて話さないといられないひとがいる。おばちゃんたちは後者なのかも知れない。

久之浜を津波が襲って、動けない旦那さんを置いては逃げられなかったおばちゃんが、旦那さんと二階まで逃げた時のことだ。私はもう百回聞いたと言っても大げさではない。そのたびに圧倒される。しかし、何度聞いても、私なんかには分からない。一方、そのたびに「命からがら」とか「生きた心地がしない」経験に、いくらかでも近づけるのかも知れないとも思っている。

防災無線のない中を、二階に逃げた、いや置き去りにされたと言った方がいい、あたりから消防や人々の声がだんだんと遠ざかっていったのだろうか。私はいつもその話に、すぐ下の一階を渦巻く瓦礫と波の音ばかりが聞こえて、そばにいるはずの旦那さんの声を聞いた記憶がない。

目の前で津波に流される家のひとつから火が噴き出し、それが隣の家にぶつかって、爆発するように隣の家も燃えだす。大きな炎の渦が流されていく。

「怖かった」

おばちゃんは、旦那さんとたった二人で恐怖に耐えながら、二階からこの修羅場を身じろぎもせずみていた。どす黒い雲と波をじっとみつめ続けるおばちゃんの姿が、いつも暗い中に浮かびあがる。一体どうやって寝たきり状態の旦那さんを二階まであげたのだろう、この日も結局分からなかった。おばちゃんが忘れているのか、記憶から消しているのか。

「次の日、波が行っちまったあと、若い人がみっけてくれてさ」

一階部分は壊されたが助かった。高台の避難所まで運ばれた。おばちゃんが担ぎ込まれると、

「良かった良かった」

「だめだと思ってた」

と、無事だったみんなが声をかけた。


気がつくと、この時集会所にいた仲間の何人かが、何度も顔を手で拭っている。被災地は初めてだという仲間は、この日ふたり。また、こうしておばちゃんたちから話を聞くのは、みんな初めてだ。話してもらえて良かった。

「体調を崩してさ」

というおばちゃんは、顔を手に持たれかけるように話した。ここから一週間後に控えた引っ越しの段取りやら荷造りや、そして気疲れもあるのだろう。いつもと違うおばちゃんは、あの日の話に力が入っていたように思えた。

「久之浜は、それから一カ月と少し、警戒区域になって屋内退避だった」

原発から30キロ圏内に、久之浜の一部がかかっていた。しかし、おばちゃんはその辺がよく分からないといった顔をする。

そうか。おばちゃんたちは何も考える余裕などなかった。命からがら逃げ延びた。きっと、「原発とかなんとかではなかった」。そして今も、薬に頼る夜が多いという。

「思い出すとさ、寝られないんだよ」

というおばちゃんの夜は、毎日やって来るのだ。


かんぽの宿までお風呂に行って、津波に襲われたおばちゃんが話す。消防車がおばちゃんたちのマイクロバスに横付けし、津波をブロックしている間に、消防士がおばちゃんたちを救い出す話だ。仲間がまた手で顔を拭う。私はそうだと思い出した。二度の脳梗塞で寝たきりになった、私の地元柏（千葉県）の知人の話だ。津波で助かったおばちゃんが「あの時死んでれば良かった」って言ってるんだと、その人に伝えたことがあった。

「そしたら、そのひとが、『それは違う』って」

「神様が『生き残れ』って残したんだって」

「『そう言っといてれ』って言われたよ」

私は言った。

そんな会話の間をぬって、声が出る。

「もう会えなくなるのがと思うどよ」

おばちゃんがつぶやく。

「もうごこに来てくんねえがと思うどよ」

とつぶやく。ふいをつかれた。

そんなことはないと言おうとするが、言葉が出なかった。おばちゃんたちはそんなことを言いたいんじゃない。だから私も、また来ますよと言ったところで、それがなんの答えにもなってない気がした。あとで仲間が、

「あの言葉、胸のふか〜いところにずーんと来ました」

と言った。深いところにずっしりと。

長い沈黙が集会所に流れた。


「そうだな、『死ねば良かった』ってことじゃねえんだな」

おばちゃんが、ずいぶんと間を置いてそう言う。このおばちゃん、耳が遠い、足も不自由で歩行器で歩いている。でもおばちゃんはみんな分かってる。今になってさっきの会話の答えである。嬉しい。ありがたい。

それでやっと気がつく。おばちゃん頑張るよ、オレたち頑張るから。と、この時、私（たち）は思ってる。これなのか、おばちゃんたちが生き残ったということは。

後ろから様子を見ていたおじちゃんが、おばちゃんたちの脇に来てみんなに話し始める。みんなオレたちのことを覚えていてね、忘れないでねを繰り返す。いつも冗談を言ってばかりの人なのだが、まじめに話し続ける。嬉しくてね、やっとここを出られるんだよ、顔いっぱい笑いを作ってまた言うのだった。

いつも通り、おばちゃんもおじちゃんも、みんな集会所の中でお別れする。

「おばちゃんと固い握手」

「またごま和え食べに来るね」

外まで見送られたら困ったのだが、そうではなかった。みんな集会所の中で、またねのあいさつをする。

この頃この看板は、町役場入口にまだ立っていた。

セシウムが消える？

避難指示を解除するのは国である。自治体／住民ではない。自治体／住民は、それを受けいれる。政府の避難解除が秒読みに入っている。楢葉町は「準備宿泊」の受け付けを始めたが、4月の登録は182世帯だったという。そして、楢葉町の松本町長が懸案としてきた5月の帰還宣言は、そのあとである。

楢葉／富岡にある第二原発の「廃炉に反対」する人たちは依然として多かった。町の財政の半分が原発に依存してきたのだ。恐る恐る聞いた。

「廃炉にして大丈夫なんですか？」

渡部さんが困ったようにするのをあまり見たことがない。でも、答えにつまった。

「廃炉までの30～40年の間、その見通しをたてるしかねえな」

その間は電源三法案により、また「使用済み核燃料税」もあって補助金が出る。

「あとは、先端企業が落とす税金かなぁ」

楢葉の竜田駅付近に、原子力関連の企業も含めて、大規模な工場の誘致が始まっている。

そのあとの渡部さんの話に、考えてしまった。

原発が農業をダメにしたわけではない。農業がダメになるような歴史を自分たちが作ってきた、という話だった。楢葉町の「農協」は、統合されてだんだん広域になっている。農協が大きくなる過程は、小規模の農業経営ができなくなる過程だった。大規模な農業の進出とは、もともと「割に合わない」農業の収入が、小規模／零細な農家の農業離れをさせた結果と思える。農地から離れた人たちは、別なものを必要とした。原発にいたる道は、やはり日本の近代化が築いてきた。

牧場に育つ草を食べさせられなければ、酪農経営は成り立たない。渡部さんは言った。だから、乳牛はやめて肉牛にしようと思う、と渡部さんは続けた。私は何のことか分からず、え？と聞きかえす。

「牧場の草を食べさせるとよ、牛乳にセシウムは検出されるんだ」

「でもよ、肉には不検出なんだ」

またマジックが始まった。牧場の草を牛が食べて「乳」にセシウムが出ても「肉」には出ない？

渡部さんは静かに笑っている。

楢葉町のサケの放流がニュースとなった。木戸川は楢葉町役場のすぐ近くを流れる。「木戸ダム」は、町の水源地である。

「水は大丈夫なのか」

という住民の不安が、政府が主催する先日の説明会で繰り返された。

以前からダムの汚染は問題になっていた。セシウムで汚染されたダムの底の泥は、2万ベクレル近い値が測定されている。環境省の説明によれば、「放流しているのは上澄みだから」大丈夫という説明だった。しかし、台風などの荒天時に、それが攪拌されて上昇するのではないか。

「それがよ、環境省が言うには、上からの水圧が高いから平気だってよ」

と、私は楢葉の人たちに教えられた。汚れたものを放っておけと言う。火は消えていないが、離れているから安全だ、と火事場の近隣に言ってるようなものだ。楢葉の皆さん

木戸ダム

が町に出向く時は、自分用のペットボトルを持参するという現実なのである。

5年後を迎え

1「県内版」政府事故調

政府事故調（福島第一原発事故政府事故調査検証委員会）の報告は、２年前に講談社から発行されているが、略式である。『福島民友』では、折りを見て県内版とも言えるものを発表している。これは当時の恐怖の記憶が蘇るものである。

この月の記事を割いていたのは、福島県環境部長と事故調との間でされた二つのやりとりである。

①原発事故当時、自衛官が「１００㎞以上の避難」を現地住民に訴えた

②原災法（原発事故災害対策法）は、現地対策本部に権限を何も与えていない

一つ目は、原発の1号機が爆発して二日後の夜、南相馬市役所で、自衛官が、「原発が爆発します。退避してください」

と言い、各フロアで、

「100㎞以上離れて」

と言ったという。それが本当だったかどうかを、事故調が調べたのだ。この指示を国や県はしなかった。県が不安はないと発表したのだが、実際は、原発の3号機が、この日の午前に爆発している。

2日後、米軍は原発から80㎞圏内に入ることを禁じられる。誰が最初の出来事を自衛官のミスだと言えるだろう。この事故調と部長のやりとりでは、自衛隊の中堅幹部が情報を取り違え、避難指示を出したのだろうという結論だった。

一体なにを信じればいいのか、と緊迫した思いですごしたあの頃のことが、鮮明に思い出される。避難しなくても大丈夫と言われたところで、また「ただちに健康に支障を来すものではない」と言われたところで、あの時、不安と不信は膨らむばかりだった。あの二日前の、国が朝に出した「10㎞圏内避難指示」は、夕方には「20㎞」に拡大していた。その都度「○○㎞の外に出ていただいていれば『大丈夫』」が繰り返された。

そして二つ目でも、驚きあきれることがある。

ここでは田村市の20〜30㎞圏内の人たちの扱いが話し合われる。

つまり「避難しなくても大丈夫」と言われた人たちの扱いである。住民の気持ちは、大きく揺れていた。市も県も対応に動く。ところが、避難用バスを出すだけでも大変なことがあった。

「行政としては自主避難なので、バスは手配できても、金の用意はできなかった」

そこでバスは国交省、避難先は総務省にお願いします、と。ところが、どこも「分かりました」と言わなかった。

「うちの管轄ではない」

「うちにはその権限がありません」

と断ったのだ。あとで問題が発生すると判断した。これが一刻を争う、住民の命を左右する時にされていた対応である。私は事故当時、即刻九州に飛んだ市川海老蔵の判断を思い出す次第である。国や東電の発表を、誰も信じてなかった。

最近も良く聞く「自主避難住民への補償打ち切り」の「自主避難」とは、このことを指す。国が「避難指示」を出してない範囲で「避難した」住民のことだ。「避難しなくてもいいのに避難した」と言っているのである。

2 「南相馬世界会議」*

2011年の5月のことだ。避難していたみなさんと、いわきの避難所で一緒に見ていたテレビはこの時、政府担当者と福島県の農家とのやりとりを映していた。

「地面が安全だ安全だって言うけどね、じゃあ、来年のために作付けをしてもいいのか!」

担当者が絶句した。いま米を作ることがどんな意味か分かっているのかという、絞り出すような声だった。作る側の現実はこんなところにあったのだと、この時初めて感じた。

2012年の2月、南相馬での「南相馬世界会議」でのことだ。パネラーの東大アイソトープ研究所長(当時)・児玉龍彦の話だった。会場に向かって、

「明るい話もあります。30秒で米一袋を検査する機械がこの秋に二本松でデビューします」

と報告した。そして先生は、この大スクープをメディアは黙殺するはずだ、と付け足した。画期的なこのフィルターを作ったのは『島津製作所』。ノーベル賞の田中さんの所属する会社だ。

その年の秋、二本松での米の全袋検査が始まった。これは福島で大きなニュースになったが、児玉先生の言った通り、首都圏ではまったく流されなかった。

* 子どもたちが笑顔で暮らせる将来を目指し、原発災害について住民と専門家が南相馬で話し合う会議が2月11日開催。南相馬が国内外の叡智と技術を集め、復興を目指した取組み。

この「南相馬世界会議」の昼食時、楽屋で弁当を食べた時のことだ。先生が弁当の米粒を口から飛ばしながら怒って言った。

「文科省のやつらは、『そんな精密機械を作れるものなら作ってみろ』と平気で毒づくんだ」

この二カ月後の2012年4月、文科省はそれまでの放射線量摂取基準を、

水：「200」↓「10」

一般食物：「500」↓「100」（単位はいずれもベクレル）

と、突然変更したわけである。

つまり、それまでの機械では、「200」以下のものはすべて「不検出」となっていた。それが大幅に変更になる。すでに青息吐息だった福島の農家／漁師は、

「オレたちに死ねというのか」

「それじゃあ今まで安全としていた『500』という数字は何だったのか」

と怒った。

「地面が安全だ安全だって言うけどね、じゃあ、来年のために作付けをしてもいいのか！」

と怒るあの時の言葉が、鮮明に思い出された。

楢葉帰還への道

町全体が避難指示区域だった楢葉町の避難解除が、いよいよ秒読みとなった。松本町長の言う「解除は春以降」がいつなのか、町民は待っていた。

楢葉行きの無料『復興支援バス』は、8月で終了である。町民は解除がお盆前後ではないかと不安でいた。そして、政府は「お盆前」を指定してきた。それに対し町民の反発と不安は相次ぎ、今月に入り、政府は「9月5日」を指定した。

渡部さんの説明は分かりやすい。

「帰れる状況じゃねえんだ。インフラや除染ばかりじゃねえんだよ」

「市営住宅に住んでいた人は、壊れた住宅にどうやって暮らせばいいのか」

「修理してからじゃねえといけねえのは、一戸建てだって同じだ」

「その修理の補償が決まってないし」

「診療所は来年の春に開設だ」

「そういうお膳立てができてから『解除』を言うもんじゃねえかな」

「解除されたら、固定資産税や電気代は復活するのかなんてのもある」

政府側の言い分として「帰りたいひとはどうぞ」なのだろう。しかし、「おおむね安全」という町の中は、危険／ホットスポットの場所に規制線や看板があるわけではない。相双地区では、今や公然と「年間積算量20ミリシーベルト」が言われ始めている。この数値は、原発事故前の原発に従事する作業員のものだ。

ちなみに、双葉／大熊町の農家の要望があったからと、

「自治体と協議の上で農業再開許可」

を政府は示唆している（6月19日）。双葉町と大熊町の線量は50ミリシーベルトである。

「無責任としか言いようがねえよ」

「収穫した米を誰か買うという見通しがあるとでも言うのかね」

渡部さんは怒りを抑えながら言うのだった。試験栽培を始めた楢葉だが、収穫した米は、原発作業員宿舎と東京は霞が関地区の官舎食堂で使うという案がでているという。

楢葉町発行の『復興の歩み』を記した分厚い本がある。仮設住宅集会所に、最近送

られてきた。当時の町の災害対策本部の写真には、場違いな紅白の幕がある。多くの学校ができなかった卒業式のため、体育館に下げられた幕だ。

渡部さんが一頁を割いて、当時のこととこれからの思いを語っている。たまたま津波に呑まれなかったことや、先祖がずっとやって来た酪農を、楢葉で続けたい等の思いが語られる。

思い切って聞いてみた。

「渡部さんの牧場を見せてくれませんか」

渡部さんは、笑ってうなずいた。

職務質問

巡回していたパトカーのお巡りさんが、私たちともうひとつの団体に声をかけてきた。もうひとつの高齢者ばかりの団体も、たまたま千葉からの人たちだった。向こう側でみんなカメラを構えている。

お巡りさんの、今日はどちらからですかに始まり、良かったら代表者の方だけでもお名前と住所を、にいたってはもう職務質問だった。やっぱりねと思いつつ、震災後の治安の悪さを思えば仕方がない。代表者と言っても、とためらっていると、渡部さんが免許証を提示した。

「おれ達は二枚持ってるんだよね」

と。初めて見る二枚の免許証。いわきに仮住まいの渡部さんは、本当は楢葉の住民である。「免許が二枚」なんてことが起こっている。

お巡りさんのチョッキを触らせてもらった。ゴツゴツする感触を確かめていると、

「これは刃物対策でね、『防刃《ぼうじん》チョッキ』と言うのですよ」

と説明してくれた。

渡部さんは自家用のダンプに私たちを乗せて、あちこち案内してくれた。川のすぐ向こうに、第二原発の煙突と建屋が見える。

「ここから二kmってとこですかね」と言うと、

「いや、一kmぐらいだろ」

渡部さんは答えた。目の前にあるフェンスが原発の敷地を示すものだ、と言った。消

防団の渡部さんたちは、あの日担当区域だった家の安否を確認するため、この橋を渡った。しかし、その橋を戻らなかった。

「もう一度橋を渡ってたら、オレたちもやられてたよ」

笑いながら言うのだった。

牛舎

渡部さんのお宅（母屋）に初めてお邪魔した。サイロ（飼料保管庫）の前には、トラクターがあった。現役である。この日も土地をうなったせいで、タイヤに真新しい泥がついていた。

「広い北海道やオーストラリアのようなわけには行かねえんだ」

土地の単位は良く分からないが、放牧するとなれば、牛一頭には、陸上トラック一周200メートル分ぐらいの土地が必要らしい。だから「牛舎で飼う牧場」では、牛を運動させる程度の広さですむそうだ。

思いの外、牛舎に損傷は少なかった。牛舎は、いわき・四倉の古い中学校の教室をふ

渡部さんと著者（右）

たつもらい受け、移築したものだったという。昔は子どもたちがここで、そのあとは牛たちがここでにぎやかに声を上げていた。

この牛舎にいた牛たちの縄は、外してあったそうだ。でも出入り口の扉は閉めてあった。

「だから、みんな餓死しちまった」

原形をとどめていない福島の牛たちの無残な姿は、写真で見たことがあるだけだ。

母屋は荒れ果てていた。でも、築百年を超える家の柱や梁、そして薪で沸かすお風呂に、私たちはうなるばかりだった。お風呂から空にのびる煙突は、レンガ作りだった。

不審者！

この日渡部さんとは、楢葉の自宅（離れ）で3時に会う約束の日だった。でも、会議が延びて少し遅れるというので、私は庭先で待つことにした。

やがて、おそらくは近所の方だと思う、その方が私の方をうかがうのである。見慣れぬバイクがあって、そばに見慣れぬやつが座っている。多分そんな風に思いな

小学校の教室をもらって建てた牛舎

牛たちは、どれぐらい渡部さんたちを待っていたのだろう・・・・

がら、そばを軽トラで通りすぎる。また少しすると、今度は先の軽トラに連れ立っても
う一台、今度は庭先の目の前の歩道を、その二台が進入してきた。いかにも牽制してい
るので、私はお辞儀のひとつもしようとするのだが、ちっとも目を合わせようとしない。
しばらくすると渡部さんがやって来た。このことを報告すると、まだ町うちに戻って
いる人はわずか、その中に工事や大工関係の人ではない、そして警備関係の人でもない
奴がいるとなれば警戒するんだよ、と渡部さんは解説した。
話の途中で、風呂釜の修理に来たというガス屋が顔を出した。そして家の中にいる私
を見ると、オヤという顔をするのだった。それはやはり、変な男が上がり込んでるぞ?
という顔である。
私と渡部さんの顔や様子を見るうちに、少しずつ警戒が解けていく。
「いやぁ、裏の住人が言ってるのさ。『知らねえバイクが停まってて、庭に変なのが座っ
てんだ』って」
「絶対ありゃ不審者だよってな」
大笑いしてしまった。いや、この人はな、と渡部さんが説明してくれる。じゃ、仮設
に住んでるのかい、ガス屋さんが言った。ガス屋さんはまだ事態を分かっていない。

「この間もそこで警察につかまったよな。旭川（北海道）の車だってよ」

「今日も、こりゃ警察に電話だなって言ってたんだ」

「おっかなくって暮らせねえよ、だって」

私たちはまた大笑いだ。でも、こうして一緒に笑ってくれる。

売り言葉、売り物

1 わだかまり・いわき

「双葉（郡）の人たちと私たちは違うのよ！」

思わずストーブにかざした手を引っ込めた。

「あの人たちは政府／東電にみんなやってもらってる、いわきに住む私たちは、除染さえ自分たちでしているんですよ」

たまり兼ねて食ってかかるようだった。いわきでも除染対策はされていると思うんですがと、思わず言ってしまった。いわきも業者に依頼し、やってもらうことになっている。

「私たちは自分で線量を測って、自分でお金を申請するんですよ！」

「あの人たちは違う、みんなやってもらえる」

相手の方はさらに激しくなった。生活の基盤がままならない思いを、どこにぶつけていいか分からない人たちが、まだまだ多い。

双葉郡から人々がいわきに避難して来てから、もう5回目の師走となる。しかしあの頃、「税金も払わず」「勝手にゴミを捨てて」「病院も混む」と、いわきに渦巻いていた不満は、こうしてしっかり残っている。みんなお互い知らないまま、誤解を解く手だてもしらず、思い通りにならない生活を嘆く。

中東（に限らないが）からの難民受けいれに、日本が「寛容でない」というニュースを思い出す。しかし、国内のわずか十㎞しか離れていないもの同士で、こんな切実な声が露出している。

2 広野の米

広野二つ沼の直販所でのことである。おばちゃんたちと、野菜の相場の話などをしていると、販売所の入口に人が現れた。

「あら、今日は珍しい。この人よ、お米を始めた人は」

レジのおばちゃんがそう言って、その人に私を紹介した。広野で二年前、ようやくお米の生産／販売を始めた方である。ちょうど巡回で居合わせたお巡りさんと皆さんで、話が弾んだ。

未だにスーパーで広野のお米は置けない。私は、会津の米なら千葉でも売ってますよと言った。「広野」が理由で置けないのかと思ったからだ。しかしそれは「高すぎる」という理由からだった。

キロ５００円では、とてもではないが、スーパーの相場に太刀打ちできない。魚沼産のコシヒカリでも売ってるのか、と言われそうな相場らしい。「環境に優しい」というのが売りのお米は、化学肥料不使用／低農薬での栽培だ。それではどうしても高くついてしまう。もっぱらネットでの販売だそうだ。

しかし、注文の電話が鳴りっぱなしの時期があったそうだ。宮内庁に米を献上したのがきっかけだった。広野の米が美味しい、と天皇陛下が言った。このことが全国紙に掲載されたあとだ。秋も深まる頃から大晦日の午後１０時まで電話が鳴り続け、留守電が壊れるんではないかと思ったという。

「国会議員に訴えても、なんの効果もなかったんだけどねえ」

思い出して、笑うのだった。一番、反応がよく、ずっと続けて買ってくれる人たちは、

「関西地区の人たちだね」

阪神淡路大震災の時にお世話になった、というのが理由らしい。もちろん直接的なつながりはない。「皆さんからお世話になった」ということだ。

また、広野の米が市場に出ることを喜ばない人たちも多かった。ホントにね、とつぶやく農家さんの言い方は、大変さをうかがわせた。ネット上では、

「キッタネエもの売りやがって」

という言葉が乱れ飛んだ。そして、

「地元からの反発もけっこうひどくてね」

と言うのだ。私は、年齢層の若い部分から出たものだと思ったが、そうではなかった。年寄りもなんだ、という。「補償/賠償金に影響するから」なのだ。そんな米の生産なんか、広野が安全だと言うようなものだ。ここは危険なんだぞ、オマエはオレたちの足を引っ張るつもりかという、住民の声である。一体どっちが間違っているのだ。いや、どっちが現実なのだろう。5年の間ちっとも解答を見いだせずにいるこの問題を前に、再びうなってしまった。

3 風評被害・ゆず

「風評被害」という言葉のおかしさを、私が自分の地元千葉の集会で話したことを言うと、渡部さんが話し始めた。

この9月5日、楢葉の避難指示が解除されたあと住居に戻り、そこからいわきにある臨時の校舎まで通っている子どもが、いま二人ほどいるという。楢葉からいわきの学校に通っているのである。楢葉にはまだ学校がない。

渡部さんは続けた。前言った話を蒸し返す。

「じゃあ、逆のパターンだけど、地元の学校を再開して、人もいないのに学校へ子どもを通わせた広野の場合はどうなんだってことなんだよな」

確かにいいことではない。いや、それにしても、まだ人影もまばらな町に子どもと戻る。

「親はどんな親なんですか?」

そう聞かないわけには行かなかった。オレは確かめたわけでねえけどよ、渡部さんは前置きして、ある会社の名前をあげた。そこに勤務する親である。

聞いて驚いた。じゃあ、土地/空気の「安全」を、社員が身をもって証明するとでも言うのか、会社に通うのならここからが近いし、とでも……？

「みんな不安なんだ。それを『風評被害』っていうふうには片づけてもらいたくねえんだよな」

渡部さんの言葉が続いた。


師走のいわきで、いろいろ聞かされた。久しぶりに訪れた仮設で、お母さんが自分の娘の「甲状腺ガン」を心配する顔。二次検査の結果によっては、手術の決断を迫られる。また、今回いわきのどこでも聞かされた。「みちの駅よつくら」で販売した「ゆず」のことである。販売規制品目の対象だった。

「売った農家は自主回収だよ」

どこでも気の毒そうに言った。

「知らなかったんだろうな。売る方（みちの駅）もね」

「機械で測って出なかったから売ったんだろうな」

と解説してくれたのは、二つ沼直販所の皆さんだった。

線量が不検出でも、ゆずは規制品目だった。「売ってはいけない」のだ。

2016年

「出てけ」

この年の3月は、11日に出向かなかった。数々のイベントに出なかった。初めてのことだ。そのあとに行ってもいいと思えたからだ。いつも通りにこの日を迎えて、いつも通りの生活を送る福島の人たちを、ここ一、二年見てきたせいなのかも知れない。五年を過ぎた福島は、行き交う作業員が、まるで新しい「故郷」の姿をしているかのようだ。

先月、ここ広野の直販所向かいにある公園の駐車場で、「ひろのウィンターフェスティバル」が開催された。モトクロスショーもあったそうだ。

おばちゃんたちが、当日の様子を話してくれる。

「いやあ、こっからも空に飛び上がんのが見えんだよ」

「大丈夫なのかって思うようだよ」

先月のその頃、私もいわきや広野をうろついていたのだが、見過ごしたようだ。レジのそばに小さなテーブルがあって、きんつばや煎餅が置いてある。

「お茶飲めば」

おばちゃんのお誘いに、腰を下ろす。

原発事故があって半年、広野は警戒区域だった。五年が過ぎた今、広野は住民が半分戻っている。まだいわきの仮設住宅に住んでいるおばちゃんが、早く広野に戻って来たいと話す。病院の待合室で二度、ここ（いわき）から出ていけ、と言われた話をしてくれた。補償金やゴミ出し、そして病院の待合室での混雑などへの不満である。

二回とも同じジイさんだったよ、と話す。いきなり自分たちの会話に割りこんできたという。見慣れない顔が待合室にいるもので、会話の様子をうかがって分かったのだろうと、おばちゃんは話した。

「国からいわき市に補助が出ているってことを、その人は知らないんですよね」

そんな風にしか、私には言えなかった。本当は病院のジイさんのように思う人ばかりではない。警戒区域から逃げてきた人たちの中に、パチンコやアルコールに依存する人たちがいるのも確かなのである。そして、広野のおばちゃんたちもまた、

「広野のゴルフ練習場は、富岡／双葉の人たちでいっぱいよ」

と言っている。

「オレは自由人だ」

「これが出たばっかりの『町政懇談会』の資料だよ」

渡部さんが渡してくれたのは、出たばかりの「27年度下半期」の資料である。その中に竜田駅周辺の整備計画図がある。竜田駅は、町役場と天神岬を直線で結ぶ中程にある。その周辺で廃炉を進める事業や、いわゆる先端的工業研究施設の建設が始まっている。3000人規模の工場／研究地帯である。それにともなって、商業施設や宿泊施設ができる。渡部さんが言う。

「つまり、新しい産業ができて、そこに新しい人たちがやってくるってことなんだ」

「そんな人たちが3000人ってのは、コンビニの守備範囲なんだよ」

今まで楢葉の人たちのやっていた仕事ではないものが始まる。そして、そこに従事する人たちは、新たな宿泊施設に滞在し、お昼はコンビニで購入するか食堂ですませる。

「スーパーや小売りは、そこで暮らす人たちが利用するものなんだけど、コンビニは違うんだよ」

「住民」というものは、朝と昼の定時に買い物をするわけではない。必要な時に必要なものを買いにいく。つまりどうやら、今までの「町の暮らし」とは、全く別なものが始まるということのようだ。

早く町に戻りたいという渡部さんは、3月いっぱいで仮設住宅の仕事をやめる。春からいわき市内の高校に通う息子さんと、お先に楢葉に戻るという。そして、自分のところや近所の土地の面倒を見るらしい。

「農業ってのは、いくらでも仕事があるんだよ」

雑草を刈りとったり地面を起こしたり、おそらくカリウムをまいたり。もちろん線量も測らないといけない。

春からの職種はなんですかね、と聞くと、

「4月からもう、オレは自由人だよ」

渡部さんは、嬉しそうに言うのだった。

コシヒカリ

「今はゼオライトでセシウムを吸着するっていうのを、あんまりやってねえんだよ」

またまた、渡部さんの口から驚くような話が出てきた。ゼオライトはセシウムを吸収する。でも、セシウムはその後もどこからかやってきて水を汚すと思っていた。ゼオライトを追加する作業は続けるものだと思った。しかし、その後の調査で、セシウムの線量が上がらないデータがでたらしい。場所にもよるらしいが、ゼオライトを追加しないでいい田んぼが多いという。

「でも、セシウムが少なくなっても、カリウムは多めにやってねえといけねえ」

耕せなかった田んぼに生い茂った雑草を含んだ土は、窒素が多すぎて丈が伸び、倒れたり病気の原因となる。栄養のバランスをとるためにもカリウムが多くいるという。

金がかかっちゃいますね、という心配は、

「いやあ、カリウムにかかる費用は国が負担するんだよ」

という渡部さんの言葉に、少し収まる。楢葉での稲の試験栽培で、今年度と去年、とも

にセシウムは不検出である。来年度はいよいよ市場に出荷する年なのだが、

「一年目はコシヒカリは無理だなあ」

今月で仮設住宅での仕事を終え、4月から楢葉の自宅に戻る渡部さんは、気負いを抑えるように言う。

「(楢葉まで)遊びに行ってもいいですか」

という私に、「いいよ」と、にっこり笑うのだった。


そして、楢葉にお邪魔するようになった。

この日は二日酔いだとかで、渡部さんは無精ひげを生やしたままの顔だった。楢葉に帰還してから10日ぐらい過ぎたはずだが、離れの居間の様子も前と違っている。私が着いて間もなく、晴れた外をウグイス嬢の大きな声が、選挙カーから響いてくる。5、6台も引き連れて、人影もまばらな楢葉の田野を回っている。

「少し顔出すか」

そう言って渡部さんは外に出る。すると、車の行列が行進をやめる。中から立候補者だろう、満面に笑みをたたえ、走って出てきた。いかにも顔見知りという空気だ。今週

の日曜日は、楢葉の町長選挙なのである。現職の判断した帰還は、

「早すぎたのではなかったか」

という候補者がでた。どっちも自民系らしい。

まだ帰還者は町全体の6%、400人と言われる。その中に渡部さんはいるわけである。

「去年9月の帰還宣言は早すぎたとは思わないんですよね」

という私の質問に、渡部さんは複雑な表情だった。

渡部さんの奥さんと両親は、まだいわきの仮設に住んでいる。両親の介護／療養という点から考えて、まだいわきがいいという判断をしているようだが、そればかりではない。今、渡部さんが住んでいる離れの家を少し下ると、以前お邪魔した母屋がある。震災と原発事故で荒れた母屋を解体して、新しい家を建てる予定なのだ。

「それからだな、親をここに戻すのは」

離れでは狭いという。え、狭い？　この離れの家に、いくつ部屋があるのか分からないが、仮設住宅がどのぐらいの間取りだったのだろう。

薄い板で囲った長屋の仮設は3Kだったという。そこに一家5人が暮らしていた。開けた土地のこの離れは、その何倍だろうか。でもそういうものなんだ、という気持ちで

みんな暮らしていたのだ。

「そういうもんだよ」と渡部さんは笑った。

警戒区域の牛、そして困難

「ゴールデンウィークの時、高校の友達を10人ぐらい連れてきてさ」

「(天神岬の) しおかぜ荘で温泉に入ってったよ」

渡部さんの息子さんの話だ。

この日も私は、広野町役場内イオンで弁当を買っていったのだが、前回同様、渡部さんの具合が良くない。前回は二日酔いだったが、今回は、

「なんか、どうも」

だった。渡部さんはまたしても、

「夜、息子に食わせっか」

と言って冷蔵庫に入れるのだった。こたつテーブルの上に、胃薬が置いてある。

周囲は家もまばらである。それから考えれば、庭は広くない。よく手入れがされた植え込みの枝先に、袋が被せてある。ブルーベリーだそうだ。

「おっかがやってんだよ」

庭の向こうには、広い牧草用の畑地が広がっている。当分、牧場を再開する予定のない渡部さんは、仕方なく除草剤をまいたそうだ。


楢葉でも、蛭田牧場が乳牛の試験飼育を始めた。木戸川を少し上ったところで、震災前は100頭ぐらいの規模でやっていた。それが、北海道から6頭ほど買いつけ、いよいよ乳を搾るという。半数は買った飼料を与え、残りは自分のところでとれた牧草を与える。それで線量を測定する。前も書いたが、牛の乳は血液と考えていい。餌を食べた結果、線量がどうなったか、その日か翌日に明らかになる。肉とはまったく違う世界だ。

「蛭田牧場の試み、目が離せませんね」

渡部さんがうなずく。

それにしても、牛は生まれてから死ぬまで、ずっと乳をだしているものなのか。渡部さんの答えは、「イチネンイッサンが理想だって言うよ」だった。

「一年一産」

らしい。これは、雌牛が、一年に一匹子牛を産むことを言う。

「出産前2カ月は、搾乳を休まないといけない」

つまり、年間10カ月、牛は乳を出す。でもそれがなんだろう？

「子牛は生まれて4カ月ぐらい母乳で育つんだよ」

そうか！ 私はまったく気にせずにいた。牛の乳は、子牛のためのものなのだ。私たち人間が飲むために出してるわけではなかった！ でも、子牛が飲まなくなっても乳は出る。

「品種改良されてっからね」

牛の「品種改良」とはそういうことだった。乳が出なくなる頃、また子牛を産むと乳が出る。それで「一年一産」だ。驚きは消えなかった。


渡部さんが肉牛への転向を決めた。乳牛なら北海道、しかし肉牛は、九州の宮崎などから仕入れることが多いそうだ。

「でも県内産（川内など）っていう手もあるんだ」

え？ 飯館のブランド牛も、一部は避難したものの、みんな殺処分にあったんではなかったか。

「いや、殺処分されたのは、原発圏内20キロの牛だよ」

そうだ、それ以外は、岩手や九州に避難したのだ。そして、そこで「肉」となった牛は、それぞれ「岩手産」「宮崎産」となった。それは、原発事故以前もやっていたやり方だ。当時ニュースとなった「産地偽装」を検証しておいた方が良さそうだ。

「福島産の牛なのに、信州とか言ってる」

というやつだ。本当は堂々と売れるものだった。でも、世間はそうは思わなかった。そして、売る側も萎縮していた。

渡部さん宅離れのブルーベリーが元気だ。熟れて地面に落ちているのを少し食べた。大きくてうまい。向こうにひまわり畑が広がっている。大きくなったら地面と混ぜて「肥料」にするらしい。

「いつも世話んなってっからさ」

「今日はお昼を食べに行こうよ」

渡部さんはそう私を誘ってくれた。天神岬総合スポーツ公園の、

秋の満開のひまわり畑
(128頁)

海を眺望するレストランに出向いた。

図々しく、刺身定食を頼んだ私の後で、渡部さんはビールを注文。

「昼間っからビールなんてよ」

「今日は雨だって言うから、野良の予定、入れなかったんだよな」

まぁいっかとぼそぼそ言った後、コトヨリさんよ、

「あいつも、楢葉に戻ったらダメになっちまった」

なんて思ってねえか、と言葉を継いだ。意外なことを言うと思った私に、渡部さんは震災の話に、先日の熊本地震の話をつないだ。東日本大震災というより、原発事故と地震による災厄の違いだ。原発事故ってのは人災だよ、酔いが回って来た口が話す。
○一人当たり月十万の補償金は、五人家族だと、月五十万の収入。
○なんにもしないで、働かないでだ。給料が五十万の仕事って、そうあるもんじゃない。
○事故前まで生活保護を受けていた家族は、さらに加算される。
○保護を継続していいもんか、普通はやっぱり考えるよ。
○それで、おかしくなる人も出てくる。
○補償金を賭け事や投資につぎ込んで、多くの家族が解体した。

○地震や津波で被害にあった人たちは、おれ達を悪く言う。
○「何もしないで、買い物とパチスロだ」と言う。
○こつこつ貯めて家を建てれば、「補償金で豪邸を建てた」と非難する。
○でもその通りなんだ。津波で家を流された人が、家を建てられるかって。
○おまけに、発生した補償額の差で、地元同士が険悪になる。
○そんなことでケンカしてもしょうがねえって誰も言えねえんだ。

渡部さんたちは、原発を目当てに福島に「移民」して来た人たちではない。菩提寺も楢葉にある、根っからの住民である。そんな人たちの思いを聞くしかできないでいる。復興の要は、コミュニティの復活だという。しかし、分断され、不安や憎しみまで交錯するものをくるのは、大変なことなのだ。

楢葉の涙～仲村トオルの暑中見舞い～

仲村トオルが福島に来たのは、２０１１年の夏のことだ（前書『震災／学校／子ども』で触れた)。その後仲村トオルは、何度も福島に物資も寄せ、自分自身で応援にきた。

しかし、今回は違った。私がお願いした。「来て欲しい」と。事情の詳細を書けないが、「応援を必要としている人がいる」と、私はお願いした。秋でも年明けでもいいと言ったが、事情を察してと思う、早期の実現となった。

渡部さんの玄関先に着いた私たちを、にこやかに迎えた奥さんは、私の後ろに立っている人影を見て、飛び上がった。

「お父さんが言ってたけど、信じられなくって……」

震える手で握ったタオルが拭くのは、汗ではなく、涙だった。

「起きなさい、大変だよ!」

隣でまだ寝ている息子さんをたたき起こすのだった。(写真:残った牛舎の前で、渡部御夫婦とトリプルショット)

以前書いた母屋のタイル張り風呂は、湯加減の声をかけながら、そばで薪を足せる。

「薪の火は、優しいお湯にするんですよ」

奥さんが説明する。古き時代の名残。

「でも、その薪も燃やせないし」今年でお風呂も母屋も解体する。

「燃やせないというのは……薪が汚染されてということですか?」

奥さんがうなずく。

離れの家に戻った。いつもは渡部さんと息子さんだけが暮らす離れである。あとのみんなは、まだいわきの仮設住宅で暮らしている。

「エアコンがなくて……」

奥さんが申し訳なさそうに言うのだが、海からの風が涼しい。

渡部さんの家族とは、私も初めて話す。渡部さんの話の言外に漂うものを知りたい、とかねがね思っていた。遠慮なく聞いてきた私を、渡部さんは一度も怒ったことがない。この日奥さんは、何度もタオルで顔をぬぐった。

母屋で「牛たち」のことを聞いた時だった。すでに書いたように、渡部さんは酪農（乳牛）を断念し、和牛（肉牛）に転向する。そのことを奥さんはどのように同意したのだろう。和牛ならという条件で、ね、と言うなり、奥さんはタオルを手にしていた。

「だって、あんな思いは二度としたくない……」

暑く照らされた牛舎の地面に、奥さんの声が反射した。震える声で、残した牛たちのことを話すのだった。

「犬や猫とは違うから」

とは、愛着の度合いを言っているのではない。牛を「殺す」ことのない酪農家は、牛に名前をつけ家族の一員のように育てる。被災者はみな、犬や猫も一緒に逃げた。しかし、渡部さんたちは「『大きすぎる』牛と一緒に」逃げられなかった。この悲しみを言っている。

この日、奥さんのあふれる涙を見て、牛を飼う人たちの「喜び／誇り」を見たような気がした。原発事故によって、それらが奪われたのを見たように思った。

置いてってくださいと、仲村トオルをおねだりする奥さんに、

「もう来るわけねえってば！」と、渡辺さんは釘を刺す。

仲村トオルは、また来ます、と言った。

その夜、仲村トオルからメールが届いた。

☆☆

ナカムラです。

昨夜は都内に入ってからの渋滞に少々苦戦しましたが

兎に角、行って良かった！

知らなかったことを知って、驚いたこともあって、

何か心の中でゆるくなっていたものが引き締まったような、

頭の中で散らかっていたものが集められたような感覚があります。

自分のためにも、本当に行って良かった。

感謝です。

ナカムラトオル

さて、楢葉での仲村トオルの行程は、実はこの日、もうひとつあった。それは理由とともに、後述する。

帰還から一年

①帰還率

9月4日の『福島民友』によれば、楢葉町商工会の地元再開率は、なんと41%という高さである。ダンプがひしめく道に食堂もガソリンスタンドもないし、町にスーパーや小売店の姿は見えない。何より住民の帰還率が1割なのに、商工会の再開が4割というのは、どう考えてもおかしい。

「形があるのはコンビニが2軒、食堂が町役場にある店舗が3軒だけだよ。結局数字になってるのは、建築関係の資材保管場所や搬出、作業員の宿泊場所の提供とかだなあ」渡部さんは、数字が楽観的でないことを教えてくれた。

楢葉町が、昨年の9月5日に「帰還宣言」をしてちょうど一年、これまで免除されていた固定資産税と電気代、水道料金も発生する。

②爆発音

楢葉のどこが好きですか（町の住民の回答）：〇鮭が遡上してくる木戸川、〇なんでもない田んぼ。〇月に一度戻ってきたら必ず行く天神岬　等々（「広報ならは」8月号）

いわきから楢葉に着くと、空気が一変する。海からの風があたりを優しく渡っていく。町役場敷地内の「ここなら商店街」で買った、カキフライ弁当を食べる。

「今日は食欲あるよ」

久しぶりに渡部さんは、幕の内弁当を手にした。まどろみそうになる中、あの日の話になった。

「だって、花火だって15キロ離れてても聞こえるだろ」

言われて目が覚めた。

震災から二年ほどしてからだ。第一原発の爆発音が聞こえたというのは、一部の人間による「あおり」だ、という噂が猛スピードで広まった。双葉/相馬の人たちから直接聞いていたというのに、本当はどうだったのだろうという気持ちに侵された。

渡部さんのひと言で目が覚める。私の住む柏からだって、10キロ以上離れた松戸や流山の花火が、聞こえたり見えたりするのだ。楢葉の渡部さんのお宅から第一原発まで、15キロだ。厚さ80㎝（1mとも言われる）のコンクリートと鉄骨に覆われた建屋が吹き飛んだのだ。

あの日、渡部さんたち消防団は、避難情報を伝え、独り暮らしの老人や介護施設を回っていた。寝たきりで座れない重症の入所者は、バスの真ん中の通路にマットを敷き、さらに両脇からマットで体を固定した。職員や入所者の大声が、サイレンの中で飛び交った。そのさなか、午後３時３６分、原発建屋の爆発音が響いた。

「おれ達が何を『あおろう』ってんだよ」

と渡部さんは笑った。相手は「花火」ではない。私たちは、かくも簡単に記憶を売り渡してしまうのか。

③甲状腺ガン

この一週間前、福島県立医大の甲状腺ガンの異常発生に、「外部被曝と関連なし」という報告があった。福島県民１８歳以下のガン発生と原発事故は関係がない、というものだ。

簡潔に言おう。

「福島県でのガン増加は、高感度の機器で調査したため」という主張が未だ流通している。しかし現在は、その精度を補正した数値だ。それでも、ガンもしくはガンの疑いのある子どもが、福島県の１８歳以下に１３５人いる。全国での発生率と比較すると

「50倍」だ。

この異様な数値の高さは「どうしてか分からない」ままだ。

これで県民の不安が払拭されるはずがない。二年前の時点で、福島県ではすでに、50人の子どもたちが甲状腺ガンの手術を受けている。

母屋の解体

「見てくかい?」

渡部さんが言った。

この日は、環境省の職員が解体業者を伴って、渡部家の母屋を見にくる日だった。知らずにいたので、渡部さんの意外なひと言に驚き、喜んだ。建物の解体に「環境省の職員」なのだ。

十人の職員と業者がひしめいていた。渡部さんが、牛舎の瓦を撤去して欲しいと言ってもダメだった。「部分的な解体は前例がない」ためだ。放射能で汚染されたものを撤去できないのはおかしい、と渡部さんが抗議する。再三の申し出に、「持ち帰って検討しましょう」となる。

なぜ瓦が撤去できないのか。かつて「化学雑巾」なるもので、瓦の表面を拭いて除染する作業を行った。すると、本瓦(良質の土を焼いたもの)ではないコンクリートの屋根瓦が、作業員の重みで割れるという事態があちこちで発生した。そのことがあって、屋根に登らない作業となり、瓦は軒先から手を伸ばせる五、六段しか拭かなくなった。これでは意味がない。

「それでも、業者は足場まで組んでやるんだよ」

渡部さんの奥さんがあきれたように言うのだった。壁や屋根の工事で一番かさむ工費は、足場を組むことだ。でも除染できなかった瓦は、撤去できないという。

母屋の中を見る段になる。しかし、書類がないので見ることができない。出したはずだという渡部さんたちの話と、職員の話を合わせて考えると、引き継いでいないということのようだ。業者と職員は、建物周辺を測り、基礎のコンクリートに線を引いて帰った。五台のワゴン車が引き上げる。業者の車ナンバーは「佐賀」だった。

弁当のレシート

この日は、渡部さん宅に、いわきの仮設住まいのおばあちゃんがいた。三人は、あの日を蒸し返すこととなった。避難する時の「弁当」の話だ。

「弁当を買ったというレシートはあるか」

という、弁当代を請求した時の東電の対応である。何度も聞いた話だ。でも、ここで踏ん張った娘さんだった。この当時、レシートをとっておいた娘さんが、レシートを提示する。その後の東電の、

「どちらにせよ、お昼は食べるものだろう」

という意地の対応について、おばあちゃんが解説する。

「要するに、避難所にいればご飯も光熱費も無料だってことだろうね」

あの日は子どもらもかわいそうだったな、おばあちゃんは続ける。

楢葉の小学校は広域通学のため、町がスクールバスを配備している。みんな地震に際し、スクールバス内に避難した。でも全員は乗れない。近くから通っている子どもが徒

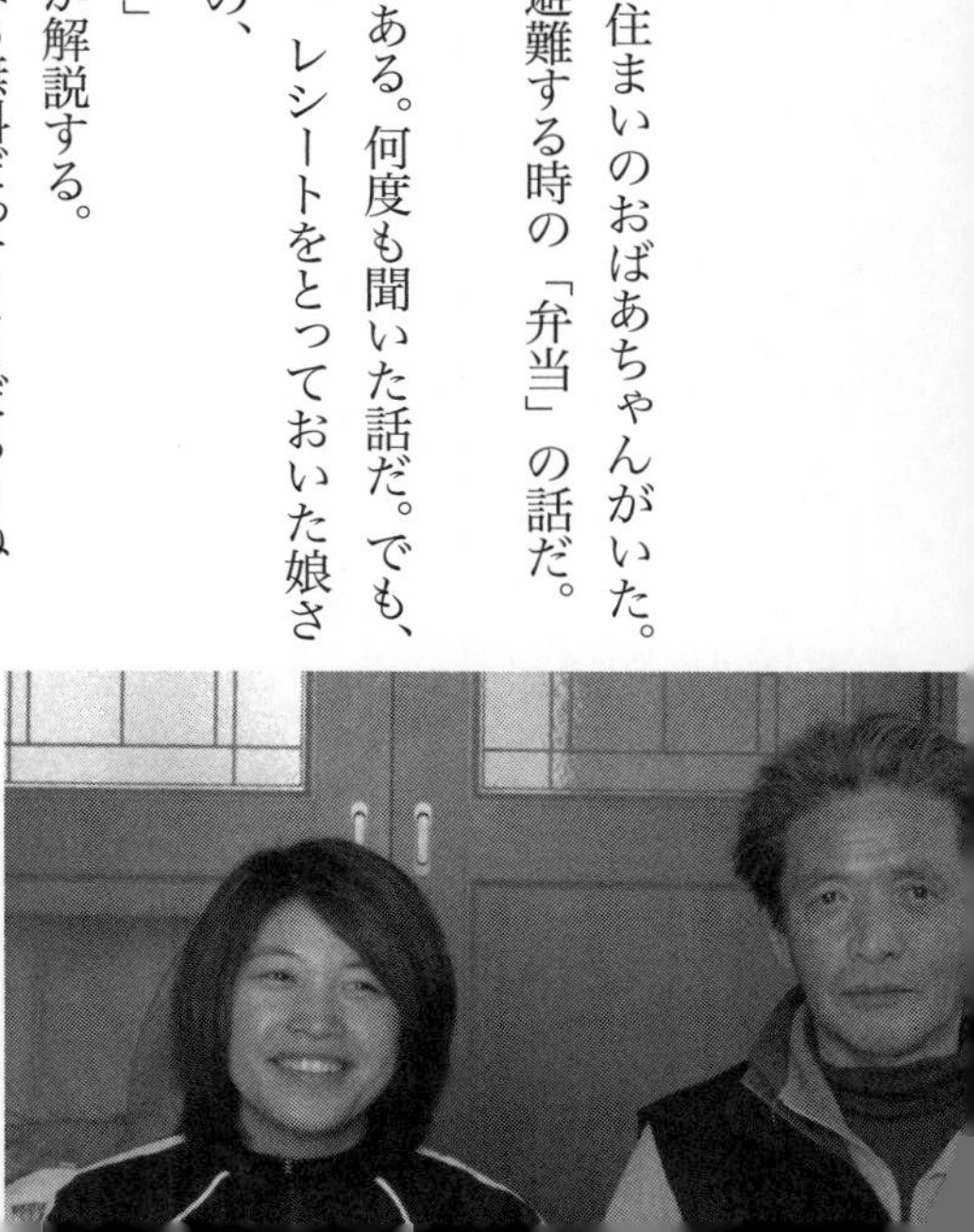
渡部さんと娘さん

歩通学だからだ。

バス通学の上級生は、小さな下級生にバス席を譲ったという。日が落ちて、寒くなっていた。

「校舎の二階は、小さい子の教室だったんだ」

「上級生がいじり回すとまずいっていう学校の考えでね」

「だから、あの日は小さい子が校庭に出るのが遅れてね」

「みんな泣いてたよ」

また、あの日が目に浮かぶ。

渡部さんの畑には、秋のひまわりが満開だった。夏とは違って、背丈も花も一回り小さい。でも間違いなく、ひまわりだ。「雑草対策だよ。でも、このあとは畑の肥料になるんだ」・・・・・

さつま芋の効用：渡部さんの畑で芋を作り始めることになった。茨城を拠点とするさつま芋の加工会社が、役所を通して声をかけてきた。初めは農協を通してだったが、交渉の過程で険悪になった。「泥を落として出荷して欲しい」という、相手側の要望がきっかけだった。さつま芋は品質保全の為、泥をつけたまま出荷するのが、通常の原則なのだ。農協が、「楢葉の土が汚れているとでも言うのか」と怒ったのは当然と言える。

すると今度、相手は役所を通して交渉してきた。もちろん、「泥はそのまま」で、という話だ。どうしてもさつま芋が欲しいのである。渡部さんは考えて、この話を受けることにした。楢葉では米の本格生産と販売を始めた。きのこと山菜を除く農作物から、放射線は不検出となっている。あくまで試験段階だが、芋の生産／販売の話が始まるのだ。

作物は放射能のセシウムを、肥料と勘違いして吸収する。そうならないように、楢葉の畑には大量のカリウムが撒かれている。これはこれで、異常な土質と言える。そのカリウムを作物が吸収する。しかし、さつま芋は光合成で、つまり日光で自分を作っていく。地面からの栄養を必要とするのは、初期の段階だけらしい。つまり地面のカリウムは、葉を作るために使われる。芋が出来ると地面のカリウムも減少している算段だ。これを何年か繰り返すと、地面が元通りのバランスを取り戻し、いよいよ牧草用に使用できる。いいこと尽くしのこの話を、感心するばかりだ。ようやく渡部さんが動き始める。しかし奥さんは、まだ信用しかねるような顔で、この芋の話を聞いていた。

2017年

楢葉蛭田牧場

①「捨てるために搾ってた」

1月20日の『福島民友』に、蛭田牧場の再開が伝えられた。旧警戒区域の中から、ついに原乳の出荷が始まる。何より消費者がどう反応するのか、餌の牧草をどうするか等の課題が山積する中での出発だ。生乳は会津や郡山を問わずすべて混ぜられる、という事情が物語る大変さだ。

仲村トオルも蛭田牧場を訪れている。この写真、以前、渡部さんの家を訪ねた時に撮ったものである。遅れての登場となるが、あの時蛭田さんからストップをかけられた理由は、以下の通りである。

前年の夏、やっとの思いで買いつけた5頭からのスタート。この時、蛭田牧場では、36頭になった。はち切れんばかりの乳の牛もいる。

旧警戒区域の酪農家が再開を目指している、ということを聞きつけたマスコミが、ものすごい勢いで取材に来た。それに対し蛭田さんは、どうかそっとして欲しい、放射能の線量だけではない、これからずっと生産を続ける見通しがつくまで道のりは険しい、もう二度と「殺す／埋める」ことはしたくないとの思いを伝えた。

だからこの写真も、今回の再開でOKとなった。仲村トオルの右にいるのが蛭田さんで、左がお父さん。

さんざん迷い悩んだあげく、蛭田さんは酪農を再開、牛を競り落とした。かつて130頭の牛を抱える蛭田牧場は、初め5頭の牛を買い入れた。5頭の牛たちの中から、

「一匹目の子牛が生まれた時は、感動して涙が出た」蛭田さんだった。

当時の警戒区域に通じる道はどこでも、バリケードと検問があった。動物愛護団体はそれを越えて、あちこちの酪農家を回っ

てこのポスターを貼った（下写真）。酪農家はみんな、電話も受けている。渡部さんのところにもあったそうだ。もちろん携帯に、だ。

「あんた、一体誰なの？　名乗りなさいよ！」

名前も言わない相手に、

「私たちが一体どんな思いで牛を置いてきたのか、分かってるのかい！」

「子どもみたいに育てた牛たちを、私たちが好きで殺すと思うのかい！」

と言って罵ったのは渡部さんの奥さんである。優しく諭すように話すダンナにじりじりして、電話を代わった。

「じゃあ、あんたんとこで引き取ってよ！」

相手は沈黙したそうだ。

牛舎で生まれ育った牛たちは、外の世界を知らない。放っておけば、沼でも入っていくという。沼地にはまり、朽ち果てるように死んだ牛たち。

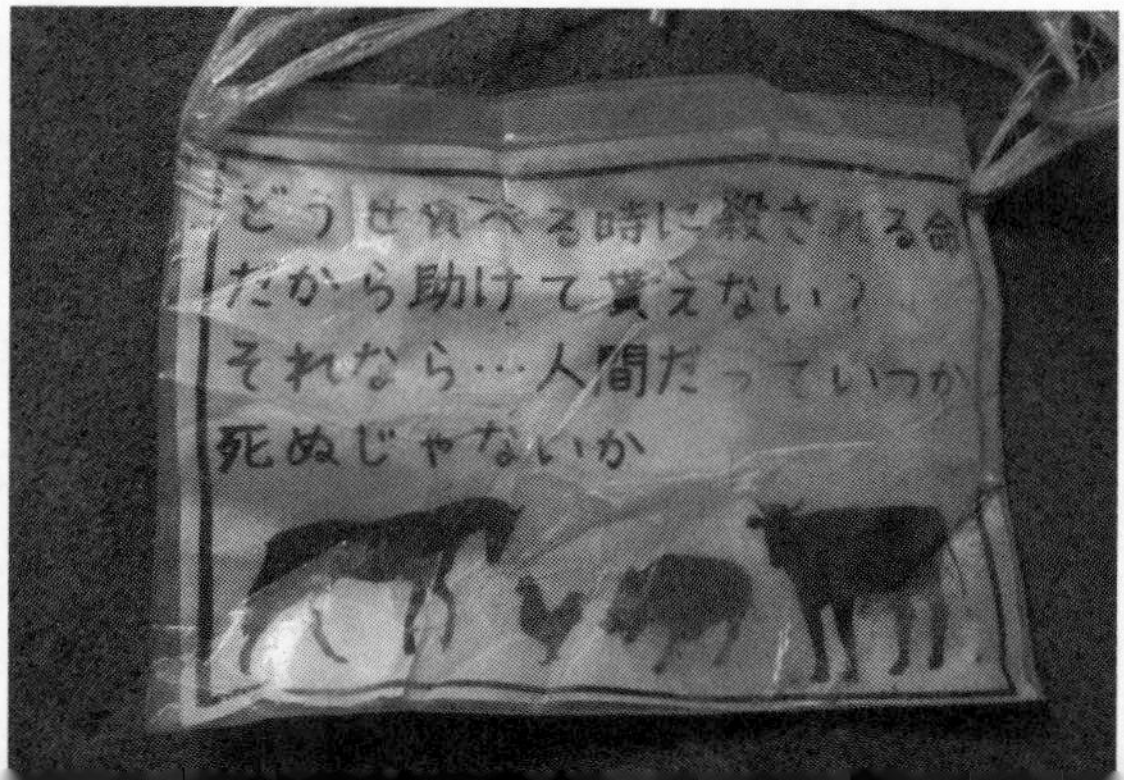

蛭田さんは、12本分のドラム缶が乳で一杯になると、「産業廃棄物業者」に頼んで、全部捨てていた。でもみんな「線量不検出」だった。敷地内には捨てない。それが「ちゃんと最後までやっている」証拠の記録となる。

「捨てるためにだけ乳を搾ってるんだよ」

あの時の蛭田さんの顔は、仕方なく笑っていた。

でも今度は本当の笑いだ。

②「世界初とか言ってくれるんだけどねぇ」

「広報ならは」でも『河北新報』でも、蛭田牧場の特集が組まれた。蛭田牧場の乳は、他の牧場の乳と一緒にされ、農協牛乳のブランドで製品化され市場に出る。しかし、

「これは純然たる『蛭田牛乳』ですよ」

と、でき立ての牛乳を振る舞ってくれた。

「乳脂肪分を薄くするわけには行かない、そればっかり思ってました」

楢葉を追われ、その間は臨時の仕事に就いたり、除染作業もやったという。その間も

牛や牧場の未来を考えて、何度も自分を追いこんだ。そんなことを蛭田さんは誰にも言わなかった。どうせ分かってもらえないことを分かってもらおうとする暇があったら、やらないといけないことがある、蛭田さんはそう思っていた。

「『復興』って言葉もねえ、そんなものに浮かれてたらダメだと思って」

「メディアが一気にやってきて、旧警戒区域での酪農再開は『世界初』とか言ってくれるんだけどねえ……」

どこまでも慎重に語る蛭田さんだ。

「放射能がないってのは『当たり前』。そんな『普通』のことを『大変』とか『自慢』の種にしたくない」

こんな風に言える人がいる。

蛭田さんのすぐ横に、生まれたての牛の赤ちゃんがいた。

「メディアは出産のところを撮りたがるんだよねえ」

私たちが牧場に着いたころ、ちょうど生まれたらしい。

牛の赤ちゃんは、まだ立てない前足をぶるぶると震わせながら、一生懸命伸ばそうとしている。母牛がじっと見守って、時折励ますようにモ〜と声をかけるのだ。

③「カメラも連れて来ねえし」

蛭田牧場をあとにして、私は渡部さんのダンプの中でつぶやく。

「メディアを利用しようって人たちもいっぱいいるのに」

「どうしてあんなに地道に考えられるんだろう」

渡部さんが言った。

「きっと仲村トオルと同じだよ」

え？ と運転席に目を向ける。

「(仲村トオルは) カメラも連れて来ねえしよ」

「目的はそういうんじゃねえんだってことじゃねえか」

☆☆

この頃、ニュースを賑わしていた楢葉町長の発言に触れておく。

「避難先から帰還しない職員は、昇給・昇格させせない」

という発言だ。

そして、

「率先して職員が帰還する姿勢を示すべきだという思いからだった」

とは言っていなかったが、記事になった。

このことで大手新聞の本社がおわびを掲載した。

ことの発端は、前年の11月に、震度5の地震が福島を襲った時のことだ。津波警報が発令され、第二原発の燃料プールが冷却停止になった。

町長はただちに町の職員を招集した。しかし、100人いる職員のうち、町に住んでいるのは35人。全員が集まるのにかなりの時間を要した。そんなことがあっては困るという思いが、議会で出てしまった。公的な場で言うつもりはなかったんではないかというのが、渡部さんの感想だった。

記事とは微妙にずれていた。大変な現実を抱えている、そして大変な思いをしながらみんなやっている。そのことだけは確かだった。

蛭田さんも渡部さんも、地元での営農である。改めて、ことの大切さ・貴重さを思うばかりだ。

七回目の3・11

六年間見ていて、ようやく分かって来たことがある。

暮らしと住まいを追われた福島の、とりわけ双葉郡の人たちは、初めは逃げるだけで精一杯だった。避難所や親戚、そして仮設住宅と振り回された。どこに行っても、親せきに身を寄せた時でさえ「よそ者」だった。毎日の葛藤が、以前の暮らしに思いを強くした。県内外を転々とした渡部さん一家だが、息子さんは「二度と行きたくない」場所も味わった。みんなは「楢葉の母屋」で暮らしたいと言うのだ。

分かって来たことのもうひとつは、お金のことだ。お金持ちであることが、必ずしも幸せではないということだった。お金は必要だ。農業だったら、原材料や機械の減価償却など、合わせた額はサラリーマンと比較にならないほど高額だ。しかしそれは、「生業」と呼ばれるものに「必要なお金」だ。

今回が不幸なのは、一年~何年かかけてやってくるお金が、「補償金」という形になっ

浪江町・請土漁港：請土は第一原発近くから、北西方向に長く伸びた浪江町にある。町に沿って原子雲が流れた。原発のすぐ近くにあった請土地区だが、線量が低かった。この三月、請土地区も避難指示が解除される。帰還への賛否が分かれる中、県内有数の漁港だった請土漁港の人たちは、この時を涙で迎えた。この涙、強硬に「帰還反対」を訴える人たちも流す。

て、一度にやってきたことだ。

「毎月〜毎年少しずつ入ってきたものがヨ、一度に入ってきちまう」

「すると使っちまうんだよ、人間てのは」

「宝くじに当たったみてえなもんだよ」

渡部さんがしみじみと言うのだった。落とされたお金を、「生業」のため蓄えようとした時、双葉郡の人たちは、一体どれだけの忍耐を要したのだろう。今までの仕事を再開できる見通しはなかったのだ。そんな中、見たことのない大金を前に、ある人は投資に走った。ある人は「安全」な場所に家を建てた。あるいは千万円単位をパチスロに投じた。

「でもさ『金』って、それでなくなっちまうんだよ」

「六年も農業離れてゴロゴロしてたらさ」

「もう昔のように働けねえ人間になってるのさ」

ずしんと響く。

NHKの「東北ココから」の話になった。

原発事故が地域／世代を分断した、という報道番組だ。福島県田村市の地域（都路）が警戒区域になった話。道一本の向こうは補償金がでる、こっちはでないということから話は始まった。ここに何度も書いたことが、番組で報告された。補償金の額や、被災者がリフォーム・新築することへの不満、また、原発災害の対象とならなかったエリアからの訴えにも似た声等々。

「お金なんかいらねえ。もとの生活返してくれたら、それでいい」

番組の中でそう語ったのは高齢の女の人だった。

「女の人ははっきり言うわ」

「あのおばあちゃんの言うことが一番良かったわ」

そう評するのは、渡部さんの、これもおばあちゃんだ。

「どっちも大変だわ」

おばあちゃんの言葉はいつも分かりやすい。そして力がある。避難を続けたおばあちゃんが言うからなのか。

さらに今度は、渡部さんが踏みこむ。

カラスと仲のいい奥さん。ではない。「草を刈るとよ、なかにいた虫が飛び出すんだよ」「そいつを食べに来るんだ」

「確かに金に溺れた人も多かった」

「でも、補償金をあてに、仕事を探そうともしないのはまずいよ」

「『オレのことは一生東電に養わせるんだ』っていう人もいるんだけどよ」

「どうするかは自分で考えねえとよ」

渡部さんの言葉は、これからずっと着地する場所を探し続けるのだ。

開運招福しま　～楢葉の春～

総理がやって来た

ゴールデンウイークも過ぎたこの日、蛭田さんは寸暇を惜しんで動き回っていた。

案内された事務所の机には、牛乳プリンとヨーグルト、そしてコーヒーが用意されていた。思わず私は、4月のニュースを思い出した。あの時と同じものを出してくれたようだ。牛乳プリンは、ちょうど杏仁豆腐のような食感で、味はあっさりと、でもコクがあった。

「総理は、胃腸がダメだってんでね」

その胃腸には、牛乳がてきめんなわけである。

「総理になんかあったら『ホレ、放射能の入った牛乳のせいだ』ってのが、日本のどこかからでてくるしね」

それで、牛乳はあったためて出すことにしたという。

一カ月ぐらい前に「重要人物が来る」とだけ連絡が入り、その後四、五回のリハーサルも含めた打ち合わせがあったという。


「オレ、なにやってんだって思いだったたですね」

この忙しいのにということだ。ニュースの写真では、蛭田さんがマイクを持っている。進行をやるように言われたらしい。その右が渡部さんだ。「和牛農家も参加を」ということでの出席である。

前列右端は、おお、あの「避難したのは自分の責任だ。文句があるなら裁判でもなんでもやれ」の、今村復興相だ。笑ってるぞ。様子はどうでした、と聞いた。何も言わずに食べていたという。

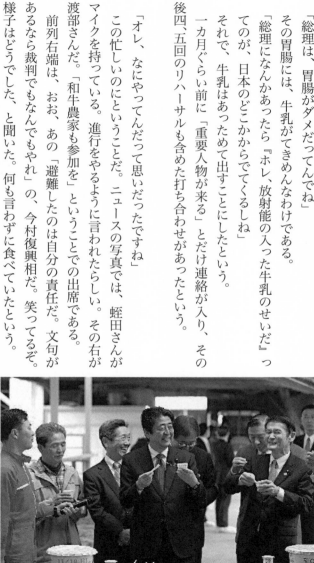

ただ、

「農業に力入れるから」

とは、何度も言ったそうだ。復興相の訪問は、当初予定になかったのではないかという、蛭田さんと渡部さんの見立てだ。この後、福島の最後の訪問先、浪江町の記者会見の席上で、総理が今村発言について「謝罪」した。

この日のお昼のトップを飾ったニュースを、なんと蛭田さんも渡部さんも見なかった。

「まさか二時間後にやると思わないから」

夜のニュースで見るつもりだったという。

「家族は137人」

仲村トオルから、蛭田さんと渡部さんに、それぞれ営農再開祝

のダルマさんが届いた。ダルマの顔には、「開運招福」とある。その字の下に「しま」と加えてあった。続けて読めば「開運招福しま」。

ダルマさんの目が入ってない。

「なんか、片目の入ったダルマって、御利益が一年だそうで」

と、蛭田さんは理由を説明した。

その後の仲村トオルからの連絡には、蛭田さんの娘さんが震災の年、官邸にあてたという手紙のことがあった。蛭田さんの娘さんは、総理一行が来た8日が入学式だった。だから式に行けなくてねと蛭田さんが言っていた、その娘さんだ。

「私の家族は137人です」という手紙である。

この娘さんの手紙が、「広報ならは」の5月号に掲載された。

「わたしの家族は137人です。お父さんとお母さんとじいじとばあばとじいちゃんとばあちゃんと130頭の牛たちです。……今、生きている牛をぜったいころさないでください。しょぶんはヤダ。……今、がんばって生きているんです。……お手つだいできる事ならなんでもしますのでほんとうにお願いします」

同級生みんなで署名し、それを国にあてて送った時の手紙だそうだ。広報は、蛭田さんへのインタビュー記事が続く。

「（蛭田さんは）警戒区域となり立ち入りが禁じられても、3日に一度、軽トラックで山道2時間の道を通いました。牛は蛭田さんが来るのを待っていたようにひと息に餌を食べ、そして蛭田さんを見つめたそうです。『つらかった』。

夏になると、牛が死に始めました。『朝早く来て、生きている牛に餌をやり、穴を掘って死んだ牛を埋める。その繰り返しだった』」

「風化」「風評」ではなく

母屋は更地になっていた。その傍らの牛舎。空いた地面にフレコンバッグが並んでいた。（下写真）

軟らかい。足や手でフレコンバッグを押してみた。牛舎内の側

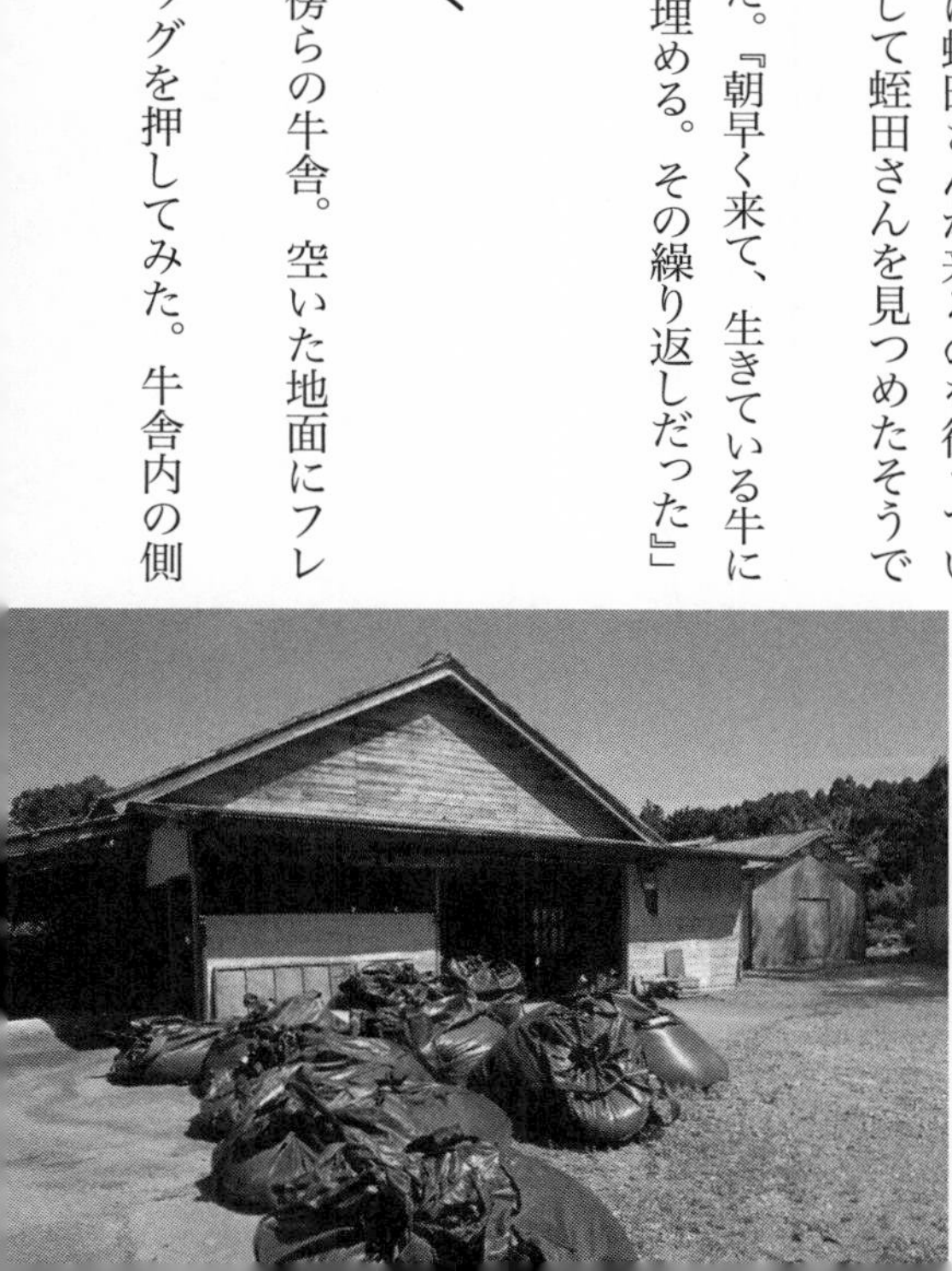

溝に残っていた泥や糞を集めたものである。

「線量は高くないんだが」「東電に持って行かせるんだよ」と言う。牛舎の屋根瓦は汚染されている。でもやはり「前例なし」の理由で、そのままだった。


渡部さんと、いつもの調子になる。集会所で連絡員をしていた前年までの話になる。仮設住宅に暮らす人たちの、いろいろな考えや気持ちを、渡部さんは聞いて回った。みんなが言うことはもっともだったが、頼った先で傷ついた人たちも多い。よそでの定住は、簡単なものではなかった。何度も聞いたことだが、渡部さんが言う。

「少し考えれば分かる。一生仮設に居られるわけがない」

「高齢の親もいる」

「そして自分たちには、帰れる場所があるんだよ」

6年以上にわたって、渡部さんたちが考え苦しんできたものを少しでも理解できればと、こちらは思うだけである。

『図書新聞』(6月24日号)に、「『東日本大震災と〈復興〉の生活記録』刊行に寄せて」

と特集が組まれた。その中に、大学の調査機関がヒアリングした、母親の発言がある。

「報道では震災の風化や風評などと報じられていることが多いと思います。しかし、この土地で生活している私の感じ方はちょっと異なります。風化しているのではなく、放射能汚染はすでに私たちの生活の一部になっています。除染という言葉も知らなかった私が、この環境の中で生きる術を学び、特に意識しなくともできるだけ被曝せずに生活できるよう、行動しています。それは子どもたちも同じです」

渡部さんの言葉と重なった。

「風化」という言葉、当事者でない人間が使う「風化」は、遠くからえらそうだ。奥さんから、ブロッコリーや菜の花など美味しい野菜をいただく。

「洗って食べてね」

初めて言われたと思う。奥さんは、私がほうれん草や菜の花を面倒くさがって、洗わずに炒めて食べるのを察したわけではない。でも、「気をつけて」という意味でもないと思っている。楢葉町で作られる農産物が危ないと、みんな言わなくなった。検査が繰り返され安全が確認され「検査の手間とお金が無駄だ」という声もでて、農産物は市場にでている。でも奥さんは「洗って」と言う。これが「普通は洗うものだ」とは違う、でも「危ない」とも違う意味だと思った。これが8年かかって到達した地点なんだろう。これは「風化」とは、きっと別なものだ。楢葉の人たちの「平凡な生活をとりもどす」いまを生きる姿なのだと思った。

結局菜の花は、洗ったり洗わなかったり、でいただいた。

おばあちゃんの話　大熊町

楢葉に行くとき、いつも私は、渡部さんの分も合わせて、お弁当をふたつ持っていく。しかし、おばあちゃんの手作りをご馳走になることが多くなった。おばあちゃんが楢葉で生活するようになったせいだ。いわきに行くのは、医者へ薬をもらいにいく時だけだという。

テレビからは甲子園が流れていた。東北は盛岡大付属の試合だった。合間のニュースで、戦争の映像が流れた。終戦記念日が近い。おばあちゃんが、私がまだ小さかった時だよ、と話し始める。

「大熊町には、飛行場があってさ」

「そこが空襲でメチャメチャにされたんだ」

「戦争が終わって、だだっ広い地面だけが残ってさ」

「海が近いってことで、仕方なくそこを塩の畑にしたんだよ」

「海から水をそこまで運んでさ」

悲しい出来事のあと、もっと貧しい町になった。おばあちゃんは続ける。

「そこを東電がねらったんだよ」

「そのあとは今度の事故だろ」

「大熊町は悲しいことばかり続いてるんだよ」

「これしかできねえんだよ」

秋になった。いい陽気だ。離れの縁側で話した。和牛の競りが、いよいよ来月になった。

「牛舎ができねえことには、牛が来てもしょうがねえしよ」

話す渡部さんの顔は、やっぱりすがすがしく見える。新しい、いや、「元」の「新しい」生活が始まる。

前も言ったが、牛の相場は高騰している。殺処分などで受けた被害を、宮崎の口蹄疫の補償額が、参考にされた。一頭あたり40万円だ。その後、牛の値段は上がり続けた。今は100~150万円を推移するらしい。

「牛が足りない、そして畜産農家の高齢化が拍車をかけてる」

渡部さんが説明する。

福島の牛に関しては以前、値崩れして底値を記録した。もちろん、それが「汚染された」牛だという理由で、だ。でも3年ぐらい前から、福島の牛も全国並みの値段となった。

「それくらい牛が足りねえんだ」

「あと、福島の牛が安全だという認識が広まったんだな」

渡部さんの言葉に、福島の酪農/畜産農家の苦しみと悔しさが、張りついていた。

「アイツラは金持ちになったとか言う人たちがいるけどよ」

「もらった金を使わねえと、もとの仕事ができねえんだ」

離れの畑でおばあちゃんと二人、何をしているのかと思ったら、私のための野菜をとってくれていた。

「乗ってみっかい？」

渡部さんが、新しいトラクターに誘った。巨大なタイヤは、渡部さんの背丈ほどもある。

双葉郡12市町村復興支援事業の一環で購入にこぎ着けたトラクターは、ステップを上がると、二階から見下ろすようなロケーションだった。

牛舎の修繕が終わり牛の競りも無事にすみ、渡部さんのところにも仲村トオルから高崎のダルマが届いた。

◇ダルマの片目を入れるのは、子牛が牧場で生まれたら。

これは渡部夫婦一致していた。そして、もう片方は、

◇生まれた牛が売れたら

というのが渡部さんの考え。しかし、奥さんの方は、

「両目が入ったらダルマさんを焚き上げる？　ンなこととんでもない！」

やはり蛭田さんと同じだった。


「渡部牧場」の買い入れた牛たちのいる牛舎に移動する。嬉しそうな渡部さん。（下写真）

乳牛の質はすぐに分かる。牛が乳を出すようになれば、量ばかりでなく乳脂肪の含有等、牛の素質がすぐに分かる。それで、牛の価値／価格が決まっていく。乳牛は生きながら価値の判断がされる。

「でも和牛（肉牛）は、そうは行かねえ」

体を開いてみないことには分からない、のである。エコーやらCTやらと、なんとかなりそうな

もんだと素人には思えるが、そうではないようだ。牛が肉になり、それが評価されて初めて血統というものができていく。

いっとき全国ネットにまで登場した蛭田牧場は、いま相当な投資をしているらしい。片や渡部さんの牧場も、震災前の20〜30頭を目指す。

「お金持ちになりたいの？」

いつもながらのぶしつけな質問をする。もちろんそんなはずはない。いつも通り、渡部さんは笑いながら言う。

「オレにサラリーマンはできねえ」

「これしかできねえんだよ」

「これをやっていこうって時によ、オレには先祖から受け継いだ土地があるんだ」

「オレには、あと牛があれば生きていけるんだ」

「牛が20頭いたら20頭を育て、育てるに必要な土地を守る」「そうやって生きてきたし、これからも生きてくんだ」

私たちとは別な時間が流れている。

2018年

国道114号線

暮れに仲間とみんなで、浪江／第一原発へ行ってきたことを、渡部さんに話した。

「浪江の人たち、あん時ぁ大変だったなあ」

自分たちのことも言わず、おばあちゃんがしみじみと言う。


朝日新聞が連載『プロメテウスの罠』を始めたのは、２０１１年の秋である。あの頃、東京から、いわきに来ていたヘルパーさんが、記事のスクラップを「読んでみて」と、ボランティアのみんなに回した。それで私はこの連載を知った。第一回のタイトルは「頼む、逃げてくれ」である。そこに「国道１１４号線」での、驚くべき出来事が書かれていた。浪江町の津島地区での話だ。

政府から10キロ圏内に避難指示が出されたのは、震災翌日の早朝5時44分。そして、それが20キロに拡大されるのは、約12時間後である。津島地区は第一原発から北西に約30キロの山間である。だから人々は、ここなら安全と、学校や公民館や寺ばかりでなく、民家までも避難してくる人たちに開放した。しかし、ほどなくプルーム（原子雲）が浪江から飯舘村を襲うことを、みんな知らずにいた。

『……そのころ、外に出たみずえは、家の前に白いワゴン車が止まっていることに気づいた。中には白の防護服を着た男が2人乗っており、みずえに向かって何か叫んだ。しかしよく聞き取れない。

「何？　どうしたの？」

みずえが尋ねた。

「なんでこんな所にいるんだ！　頼む、逃げてくれ」

みずえはびっくりした。

「逃げろといっても……、ここは避難所ですから」

車の2人がおりてきた。2人ともガスマスクを着けていた。

「放射性物質が拡散しているんだ」

真剣な物言いで、切迫した雰囲気だ。

家の前の道路は国道114号で、避難所に入りきれない人たちの車がびっしりと停車している。2人の男は、車から外に出た人たちにも「早く車の中に戻れ」と叫んでいた。2人の男は、そのまま福島市方面に走り去った。役場の支所に行くでもなく、掲示板に警告を張りだすでもなかった。

政府は10キロ圏外は安全だと言っていた。なのになぜ、あの2人は防護服を着て、ガスマスクまでしていたのだろう。だいたいあの人たちは誰なのか……』（『プロメテウスの罠』より）

恐ろしい情景だ。この出来事の検証がやられたのかどうかを、私は知らない。自衛隊のある部隊が、上部の命令を待たず住民の避難を促したというのが、私のおぼろげな認識だ。なにせこの時点で、原発から30キロという津島地区は避難の必要がなかった。

「逃げなさい」ではなく「逃げてくれ」というのも、「二人の男は掲示板に警告を張りだすでもなかった」というのも、それと整合する。私は、映画『シン・ゴジラ』のワンシーン――防護服で固めた隊員が、丸腰の住民を避難させる恐ろしいシーンを、また思い出す。

国道114号線を見てみよう。被曝放射線量の図は、まさにプルームが通過したあとを示している（2013年『福島民友』から）。色の濃い部分は、すべて浪江町のエリアだ。先述した通り、津島地区は町の西に位置している。

「東電は、浪江に原発事故を通告しなかったんだよな」

渡部さんが言う。事故通告は、原発立地自治体だけに必要なものだった。大熊／双葉は原発立地自治体ではあったが、浪江はそうでなかった。だから事故を通告しなかった。

そして放射能拡散予測ネットワーク（SPEEDI）のデータが、米軍には流された。それを知らず、浪江／飯舘村の人たちは、プルームの通り道に沿っ

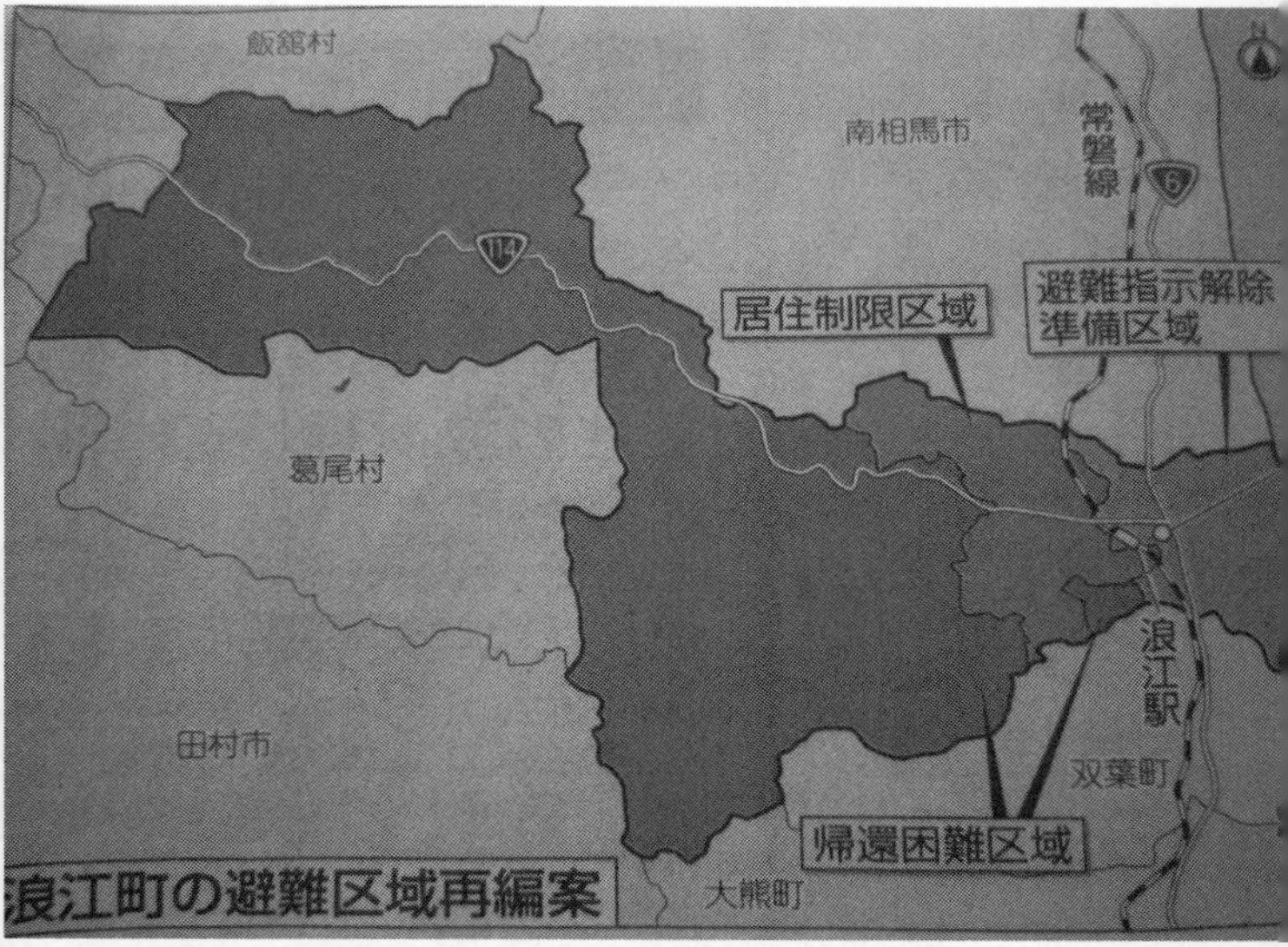

浪江町の避難区域再編案

て避難した。

「データを流さなかったのは、殺人行為に等しい」

こう言って怒ったのは、浪江町当時の町長・馬場有である。

「あれはあくまで『予測データ』。外れたらどうする」

「間違って、住民を被曝させたら誰が責任をとるんだ」

多分、こんな議論が果てし無くやられたはずだ。そして「決断は回避され」た。開発費用は100億円だった。

「はつ」と「つくし」

1 子牛誕生

渡部さんがしみじみと言う。

「一頭目はダメかもしんねえって思ったよ」

一月末予定の子牛は予定より早く生まれ、寒さに耐えられないのではないかと、ずいぶん心配したという。

「藁を変えたり毛布を用意したりね」

「足も細いし、顔なんか鹿みてえだ」（下写真）

子牛が競りに出るのは、生まれて１０カ月が過ぎてからだ。

「今の感じで行くと９０（万）かな」

仕入れより安いし、飼料代もかかっている。それでは足が出る。

「何度か産んでくれねえと、採算がとれねえ」

でも彼女たちは、次々に素晴らしい子牛を産んでくれるかも知れない。

「そのうち、渡部さん家にベンツが3台になってたらどうしよう」

私の言葉に、コーヒーを飲んでいた母屋の大

工さんが笑っている。

「いや、ベンツよりトラクターだよ」

渡部さんも笑って言うのだった。その頃は双葉地区の「支援事業」も終わっている。TPPへの不安もあるし、最近では「なんちゃって和牛」というか、日本での肥育法をコピーした外国産の「和牛」も出ている。また、日本のブランド牛の精子が流出したニュースもあった。こうなるとオリジナルの和牛が脅かされかねない。

「でもよ、日本のような牛は日本でしかできねえよ」

渡部さんが言う。

「海外は結局、たくさん作るしかできねえんだ」

「日本は一頭一頭手作りだ。取引もそうなんだよ」

自信か確信のようなものが、渡部さんから流れてくる。

2　お金を使わなかったわけ

離れのリビングの棚に、家族三人の位牌と写真を見いだした。この三月で、いわきの仮設住宅が閉鎖する。いわきで生活していた家族の荷物の移動が本格的に始まったのだ。

位牌を見ながら、震災時の大変さを聞くこととなった。

「あの頃は大変で」

おばあちゃんがしみじみと言う。

「お金が全然ないしね」

いわき市内の避難所から会津、そこから新潟に移動し再び会津と移動をする。しばらくして楢葉町から、避難先で一万円が支給される。

「あれは助かったね」

「着の身着のままの避難」をした。その間はずっと姉妹都市などのつながりを通し、受け入れる自治体が避難場所を準備し、避難する自治体は了解をとりつけないといけない。それが「町ぐるみの避難」なのだった。


渡部さんは、どうしてお金を使わずにすんだのだろう。長い避難生活の中、パチスロやゴルフ練習場、そして資産投資などで補償金を散財してしまった人たちの話は書いたとおりだ。でも渡部さんはそうではなかった。

「仕事をしたからだろうな」

震災の年、いわきにできた楢葉町の仮設住宅で、渡部さんはすぐに働き始めた。

「あとは、楢葉に戻って牧場をやるって気持ちがあったからな」

それは一度も揺らいだことがない、と言う。でも、酒の量が増えたこともあった。

三年前の九月の帰還宣言を待たず、渡部さんは楢葉での生活を始めた。

「戻ってきたところでやることがねえからさ」

そう言って「酒が増えた」期間を振り返った。

3「そのためにやってんだ!」

牛の話に戻った。

「初めて生まれたのが『はつ』、二頭目は『つくし』なんですよ」

奥さんが言う。なるほど「初」と、春の「土筆」なのだろう。

「しりとりなんですよ。三頭目は『し』で始まります」

何があるか考えてください、と笑いながら言う。

前も書いた。出産しなくなるまでのおつき合いがある乳牛と違って、和牛は育ったら
出荷後は、肥育農家で大きくされ、最後は「肉」になる。以前、渡部家が酪農をしてい

た時、親の乳牛を処分する時、悲しくて泣いたという。10年越しの付き合いはもう家族なんですよ、奥さんは言った。一方、和牛は10カ月。

「肉になったら、こんな姿になっちまったって思うんですか」

と聞くと、思わねえよ、と渡部さんはすぐに答えた。

「そのためにやってんだ！」

珍しく熱くなって言うのだ。奥さんが笑っている。

母屋の完成を前に

1 デマ？ 真実？

楢葉町が警戒区域になった頃、渡部さんは牛たちに餌をやるため、通い続け、それでも死んでいく牛たちを見かねて、綱を解いた時の話だ。

「農林水産省がやったのは、家畜の殺処分だけだ」

「環境省が除染を担当したから、住居だけに偏った」

「農林水産省がやれば、山林の除染だってあり得たんだ」

ため息をつくのは、なぜかいつでもこっちの方だ。そして、また思う。どうしてそんなに良く知ってるのだろう。被災者の皆さんでも知らない多くのことがあることを、渡部さんのおかげで知ることになった。そして、流れてくるものがデマなのか真実なのか、当時はもっと錯綜としていた。

「だってよ、逃げるもん同士でデマは飛ばさねえよ」

「東電の社員が早くに避難した。そこからも情報は入った」

「福島の原発事故直後、茨城の東海原発の外部モニターが異常な数値を示した時もそうだった」

「知識や経験のある人も一緒に逃げた」

「そんな人たちの言うことに、耳を傾けたんだ」

2「気兼ねなくていいよ」

渡部さんの畑の牧草は刈りとられ、また新しい牧草が伸びている。おばあちゃんの漬けたゆず味のキュウリをいただく。

「オレはトイレと風呂と寝る場所があればいいんだけどな」

と言う渡部さんの横で、奥さんが壁紙のカタログを楽しそうに見ている。

以前あったタイル張りのお風呂は、すぐ傍らから薪をいれて追い焚きをする。入っている本人でも外からでもできた。

「窓を開けて『星が見えるよ〜』って呼んだねぇ」

奥さんが言う。今度のお風呂はホーローとステンレスの浴室。灯油で沸かす。規制された薪はもう燃やせなくなったからなのか。

「いやあ、面倒だからよ。いちいち薪燃やしてお湯の調節なんて」

どこまでも本音で話す渡部さんは、地面にしゃがんでタバコに火をつけ、しみじみと言う。

「こうやって誰にも気兼ねしねえで。いいもんだよ」

笑って深々と煙を吸い込むのだった。

ずっと前、荒れ果てた母屋に案内された時、

「クツのまんま上がって」

渡部さんは淡々と言った。土砂やゴミであふれた牛舎の前でも、渡部さんがつらい顔

を見せたことがない。その渡部さんがしみじみ、

「誰にも気兼ねないし。いいもんだ」

と言う。こうして今ここにいる、帰って来れたんだという。

暮れ〜出産

この日は、牛の出産に立ち会うという幸運に恵まれた。足が二本出ている。奥さんには「お湯を」と指示する。そして奥さんも一緒に、二人がかりです。よいしょ、よいしょ！ 引っ張り出された子牛は、首がぶらぶらで死んじゃったのかと思うくらいだった。渡部さんがお湯で拭き藁をかけてあげると、やがて首を起こす。産声をあげた瞬間。ヤギのような「メエ〜ッ！」という声。それから母親に促されて立とうとするまで、２０分とかからない！ 感動しました。あらかじめ決めてあったという、名前は「シワス」だった。

首がぶらぶらで死んじゃったのかと・・・

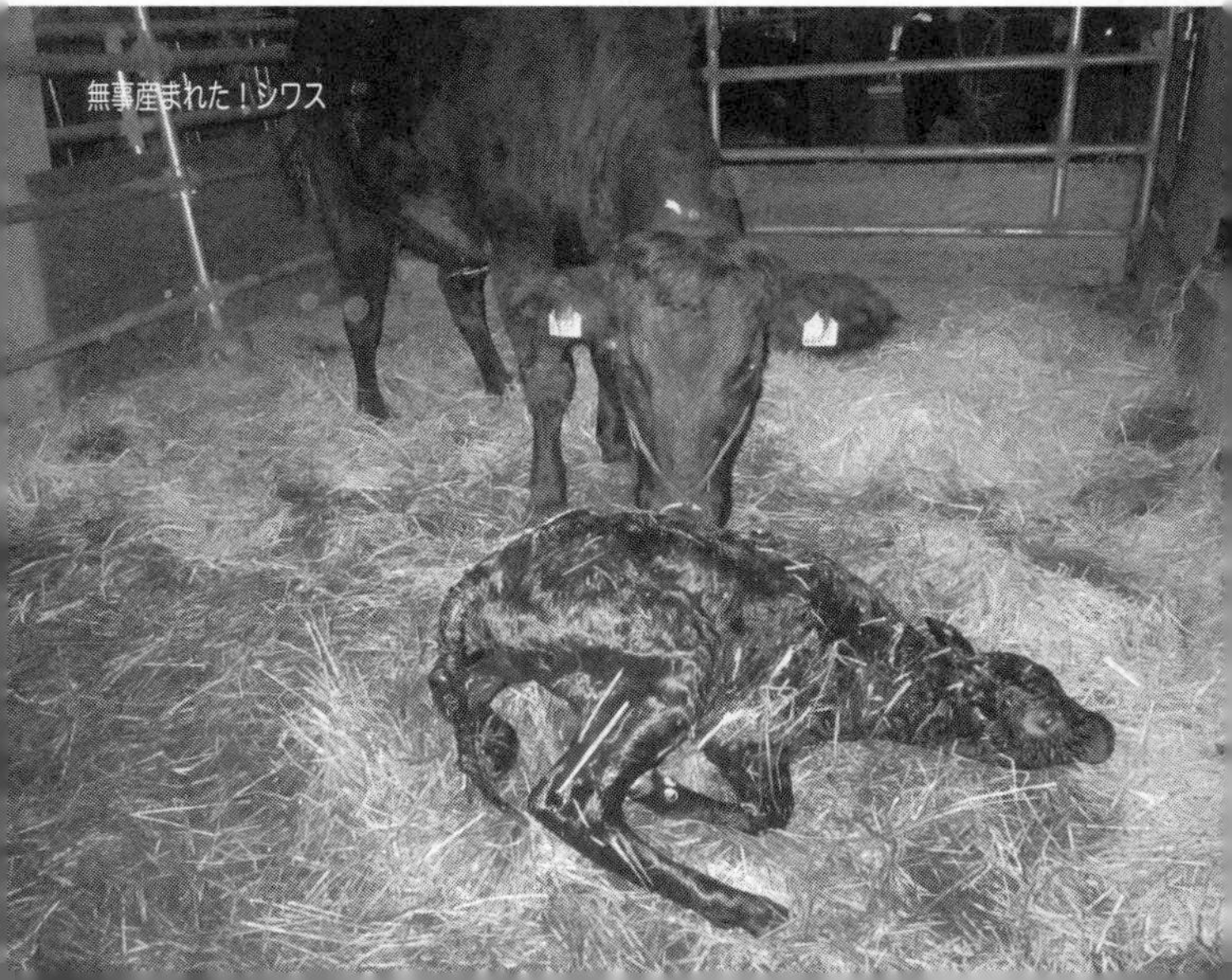
無事産まれた！シワス

2019年

農業の明日

1 新居

重い引き戸の玄関を開けると、まだ汚れていないたたき。閉められた障子に差し込む光。すっかり暮らしを感じさせる新居だった。私は思わず「おめでとうございます」と玄関先で言ったのだが、

「明けましておめでとうございます」

奥さんはこたえた。そうか、そう言えば時は一月。年が明けて初めてだった。

玄関を入って左手は、広い和室がふたつつながっている。広いですねえと私は感心し、ご近所の皆さんと使うのだろうと思う。いやあ、もうそんなことしないんだよ、奥さんはそう言ったあと、正直言うとよ、と声を下げて、

「葬式の時ぐれえしか使わねえんだよ」

今度は大きい声で笑うのだった。

リビングでみんなくつろいでお茶を飲んでいる。でも、心なしか顔が疲れている。渡部さんが口を開く。

「いや、さっきまでよ、牛の出産があってよ、疲れっちまったよ」

難産というわけではなかったらしいが、悪戦苦闘のあとがうかがえた。おばあちゃんのホッコリするひと言。

「コトヨリさんが来ると牛が生まれる」

そう言えば暮れもそうだった。そして、

「またすぐ来てもらうべ」

またホッコリする。

実は翌日、予定よりも早い出産の牛が、死産だったそうだ。そのあとは、母牛まで弱って亡くなったという。よくあるんだけどよ、渡部さんはつぶやいた。

和室の床の間のダルマさんには片目が入った。この目は母屋の新築祝か、子牛の出産／出荷祝なのか。

「牛の方だな」

渡部さんが笑って言う。

2『下町ロケット』

渡部さんの購入したトラクターが、この当時のドラマ『下町ロケット』のトラクターそっくりだったなと思い、ドラマの方は無人運転なんだけどね、と言った。

渡部さんは静かに笑って言う。

「ああいうやり方は結局、金が一カ所に集中するだけなんだよ」

「農家には回って来ねえ」

また金づちで頭を殴られたような気がした。確かにドラマで、それを議論された場面もあった。しかしいつしか、片隅にやられた。と思う。渡部一家は『下町ロケット』を見ていなかったそうだ。つまり、渡部さんはおそらく、そういった無人運転の実証実験の現場を、福島で見ている。その時に思ったことなのだろう。

「オレたちのような古いやり方が、これからどうなって行くのかな」

静かに言う渡部さんは、いつもの遠くを見る目だった。

和牛（肉牛）でも母牛は乳を出す。一日一キロ。これが乳牛だと一日40キロだという。

「あん時はもうどうするかと思ったよな」

珍しく声を詰まらせる渡部さんだ。奥さんも同じだった。地震直後に襲った停電は、乳しぼり機を止めた。

「お湯を沸かして、手を温めてよ」

二人で必死に乳牛30頭の乳しぼりをしたという。つまり乳牛一頭一日40キロが30頭分、全部で1200キロ！　手では追っつくもんじゃねえ、渡部さんの声の後で、今にも牛のつらそうな叫びが反響してくるようだ。

この停電が渡部さん家の目と鼻の先にある東電のものでなく、東北電力のものだということを思い出した。

3　牛乳生産のシステム

久しぶりに蛭田牧場にお邪魔した。今や100頭に達しようかという牛たちを擁する牧場の経営は近代的だった。

「牛も子どもを産んで乳が出るんでね」

蛭田さんが話す。以前、渡部さんも言っていたことだが、こちらは再生産の仕組みのことである。子どもが大きくなれば、やがて乳は出なくなる。つまり、子育て中の母牛ばかりが揃うと、牛乳が一度に生産されて、そのあと牛乳の生産がストップしてしまう。

「赤ちゃんがいて、幼稚園生がいる。そのあとに小中学生が続いてという順にならないと、生産システムとしては不完全なんです」

そのシステムは震災前までは先祖が守っていた、それが震災ですべてなくなった。そして、大人の牛ばかりを購入して牧場は再開した。だから難しいやりくりが続く。北海道から、「こっちでやったらどうだ」という声もかかったという。

これは渡部さんも言っていたが、

「慣れ親しんだ土地を置いていけない」「向こうは寒いんだ」と言う。

蛭田さんの話は続く。渡部さんの息子さんが、専門の学校に進学して跡を継ぐ気持ちを固めている。

「いいよな、渡部さんは。うちの娘は『蛭田牧場の社長になるんだ』って言うんですよ」

渡部さんと蛭田さん

だから「その時は（お父さんを）使ってねって言ってるんです」とまた笑う。

「生活の基盤」ができて

1 ためらう帰還

この年の春、福島県大熊町の大川原地区と中屋敷地区の避難指示が解除された。現在、帰還する人はわずかで、帰還を希望する人は半分もいない。私がお邪魔を続ける楢葉町は、4年前2015年に帰還宣言が出された。この時も、同じ心配が取り上げられた。楢葉町はいま、整備された道や商店街に、人々の姿を目にする。小中学校の児童生徒数は100人を越えた。この事故前の20%を切る数字を、どう評価したらいいのだろう。

帰ることをためらう理由に放射能をあげる人が多いと、よくとりあげられる。でも、事故から5年以上ふるさとから離れた場所ですごした人たちは、新しい友だちや仲間ができ、あるいは家を建てた。いわき市にまだ残っている仮設住宅で、ふるさとの様子をうかがっている人たちもいる。大熊町について言えば、復興住宅はいわき市にできている。当然だが大熊町にはない。避難先に建てられているのは、もう仮設住宅ではないのだ。帰らない理由は様々である。

はっきりしていることは、原発事故が悲しみや憎しみを生み出し、人々や地域をばらばらにしたことだ。

2 牛の値段

和牛ブランドが上昇する傾向と需要の多さによって、価格は高い傾向だった。でも、今は少し低めらしい。

「不景気だしよ、こんな時は高い牛を食わねえな」

「中国も、米中の貿易戦争で大変だ。爆買いは牛もやめちったし」

牛を語るのにも、世界が必要なのだった。

でも、和牛の「品質・うま味」はアメリカの関税撤廃も乗り切るんでねえか、渡部さんは言うのだった。

ついでにひと口知識。ブランド牛でない低価格の牛は、交雑種と言ってカーレースのように「F1」と呼ばれ、去勢された雄の牛などが入る。雌牛は味に一線を画す、とは『美味しんぼ』で知った次第である。

3 堤防決壊

うかつにも、台風19号で川内村で堤防が決壊したことを知らなかった。川内村は、楢葉町と広野町の西側に隣接する。木戸川の上流に位置し、そこから流れて来る水を、楢葉町の木戸ダムが貯める。渡部さんが語るのは震災のことばかりではない、この時も原発事故の検証がされている。

「除染するってんで、川内村は『汚れた土』を植物と一緒にはがしたんだ」

「田んぼもそれでダメになった」

「おかげで『ダムの代わり』が無くなったんだよ」

「『田んぼひとつでダムひとつ』って言われてんだ」

ここで言う「ひとつ」が一反なのか一町なのか、無知な私には分からない。渡部さんは、

「海岸の堤防の土はどっから持って来たかって」と続ける。

「山を削るしかあんめぇよ」

そんな大事なことをこっちは分かってない。

柚子の向こうの牛舎

「それで山がハゲになってよ、水は貯めらんねえよ」

「緑のダム」が実証するものが、ここにもあった。オレたちは何にも分かっちゃいねえ、久しぶりに思った。

今年はどんな年だったのだろう、渡部さんは、

「生活の基盤ができた年かな」

と答える。

昨年の暮れに母屋が新しくなり、新年はようやく家族がみんな揃った。そして牛の出産。私は師走に毎年、「よいお年を」と言ってきたのだが、渡部さんが反応したのはこの年が初めてだった気がする。

2020年

コロナ

震災の年、私は土日を除いてほとんど福島にいた。その後、徐々に間を置くようになったが、それでも月に一度は福島にお邪魔した。しかしこの年、私は福島に三度しか行ってない。私の住む千葉と福島とでは、コロナ感染の規模が二けたも違っていた。私自身は、コロナも予防接種にも関心がなかった。必要とされる予防措置はとっていたが、それは「そうするに越したことはない」からだった。

でも、さすがに福島に足が遠のくのは、仕方がないことだった。5カ月ぶりに福島入りをした時だった。

「キャンセルが相次いだ一方で、帰省先から『帰ってくるな』と言われ、会社からは『帰ってはいけない』と言われて、ずい分気の毒な宿泊を重ねるお客さんもいました」

と、私がいつもお世話になっているビジネスホテルさんが言う。福島で「足止め」された人たちもいた。お客さんは6月に少し戻ってきましたという声は、分厚いアクリル板の向こうからマスク越しに届いていた。

春に行った時だったか、渡部さんは楢葉で最初に感染者が出た時の話をしてくれた。

「感染したのは、一体どこの誰だって大騒ぎだよ」

それを教えろと騒ぐ人たちがいて、警察や役所、保健所は対応に追われたらしい。

感染は誰でもする。それは感染する人が悪いのではない。あくまで「しかたのない」ことだ。原発事故の時、やっとの思いで県外に逃れれば、駐車場から出て行けと言われ、スタンドでは福島の車の窓は拭けないと言われた。そんないわれのない、ひどい目にあった人たちが、今度はコロナの感染者を責める。渡部さんがあきれるように言うのが救いだった。でも、ひどい目にあった過去が、そんな人たちの動きの根っこにあるのかとも思えた。そんな福島に足が遠のくのは仕方のないことだった。

「ワクチン二回打ったしよ。もう怖いものなしだよ」

おばあちゃんの言葉は、たくましさと可愛らしさを、相も変わらず感じさせた。そしてその言葉は、楢葉に来て良かったと感じさせるものだった。

楢葉という「場所」

「東電の給料はとてつもなかった」

普通の民間の1・5倍だった、と渡部さんが言う。高卒を募集すると言っても、高校が斡旋するような代物じゃなかったな、とも言う。あの頃はあちこちから人もお金もたくさんやって来て、いやすごかった。渡部さんは続ける。楢葉と富岡の境に第二原発が建設され運転を始めるのは、1982年だ。今回の原発事故によって再開が遅れた常磐線は、南の起点が富岡の夜ノ森だ。

楢葉郡と標葉《しねは》郡は明治期に合併されて現在の双葉郡となる。

大野村と熊町村が戦後合併してできたのが、大熊町だ。再開した常磐線の「大野駅」は、大野村の地名だ。この楢葉郡と標葉郡は「夜ノ森」を境界にしていた。戦国時代、夜ノ森以北は「相馬氏」が、以南は「磐城《いわき》氏」が統括している。この相馬氏と磐城氏の間に、標葉と楢葉があった。

「(室町幕府から)関東への出兵を促……されるのですが、楢葉氏(標葉氏)は……出陣し

ていません」（楢葉町歴史資料館）

楢葉と標葉は、出兵を拒否した。その結果、相馬氏と磐城氏からの圧力は強まり、滅亡への道を歩むという。

渡部さんの、双葉郡や楢葉への深い愛着はどこからやって来るのだろうと、何年か前から思うようになった。なるほどそれは、気の遠くなるような時間を通過してできたものなのかもしれない。

繰り返すが、楢葉と標葉の境界線、夜ノ森に第二原発はあった。「侵略者」たる相馬氏や磐城氏たちに攻め込まれた楢葉と標葉の人たちは、昭和の時代には「原発」という怪物を前にしたのだ。

空襲より大変だ

「震災で逃げるってばオメエ」

おばあちゃんが話し始めた。この日、当たり前かも知れないが、家の中で誰もマスクをしてなかった。遠慮して私は最初していたものの、キュウリの梅カツオ漬けが出されたもので、途中から外した。いつも通り、おばあちゃんは結構激しい咳をするのだが、コロナじゃねえんだ、と笑って話す。

震災の時、息子（渡部さんのこと）は消防だからワッしらとは別だった、ワッしらは始めはいわきの体育館で、それからはもうわけが分かんねえ。

なに、逃げるってば、昔はこの辺りも空襲でよ。この辺りはまだ良かった。南のいわきの空が夜に真っ赤になんだ、北の方は鹿島（南相馬の鹿島地区）の空が真っ赤でよ。空襲警報があれば、アタシらみんな、上繁（地区）の坂を上って下りて。いや、上繁の坂を降りるとお日様が西から昇るって前から聞いてて、そんなバカなって思ってたけどよ、ホントにアタシら、西から日が昇るのを、そん時見たよ。

うまく理解できたか定かではないが、坂の勾配と空襲から避難する時の恐怖が、「西からの日の出」を経験したのだろう。まだ十代だった、きっととびっきりかわいかったおばあちゃんが、坂を走り降りて逃げていく。「でもよ」、おばあちゃんが続ける。

「空襲はまだ良かった。二年で終わったんだ」

「原発事故から逃げるのは二年で終わんねがった」

始めは隣接するいわきへ、そして県外をあちこち逃げた後は会津に。それからまたいわきに戻り、という目まぐるしい避難生活は、空中に拡がる放射性物質の数値とにらめっこしながらだ。道の渋滞と放射能の「空襲」におびえながら、それは行われた。

やっとここに戻ってこれたよ、おばあちゃんがキュウリをつつく。

農家への影響

宿泊業や外食産業が軒並み休業する中、牛肉は大変な打撃を被っている、というニュースもあった。農家は大丈夫だよと言う渡部さんである。こういう時には補助金が出て、ちゃんと守られるんだ、と。今回の補助は、牛を大きくする肥育農家が対象となった。

でも渡部さんは、牛の数を増やす繁殖農家である。4、5月は良くなかったけど、心配ないという。補助金をバックにした肥育農家は、渡部さんのような繁殖農家から、相場で子牛を買いとるからだという。この話を真に受けていいものだろうか。話を聞いているかたわらの奥さんとおばあちゃんは、う〜んと言って渡部さんの方を見ているのだった。

酪農家はどうか。休校措置にともない給食がストップし、牛乳を供給していた酪農家を直撃している、というニュースもあった。酪農家が牛乳を捨てているとか、廃業するというニュースだ。蛭田さんところは大丈夫なのだろうか。渡部さんははっきり言った。

「牛乳は心配ねえ。捨ててねえ」

だぶついた牛乳にはバター・チーズ、そして加工乳（コーヒー牛乳等）という道があるからだ。これらには牛乳とちがって長い賞味期限がある。ニュースはいつでも一番ひどいところをとりあげ、危機感を募らせる。それは大切なことではあるが、情報は正確さが第一だ。報道の姿勢を、ここでも教えられた気がした。なるほど。しかし、チーズやバターはいつも以上に生産される。やっぱり、過剰なストックになるのじゃないのだろうか。などと、そんな思いは次々とわいてきた。

「県産牛価格が下落」

とは、この翌日の『福島民友』の見出しなのだ。

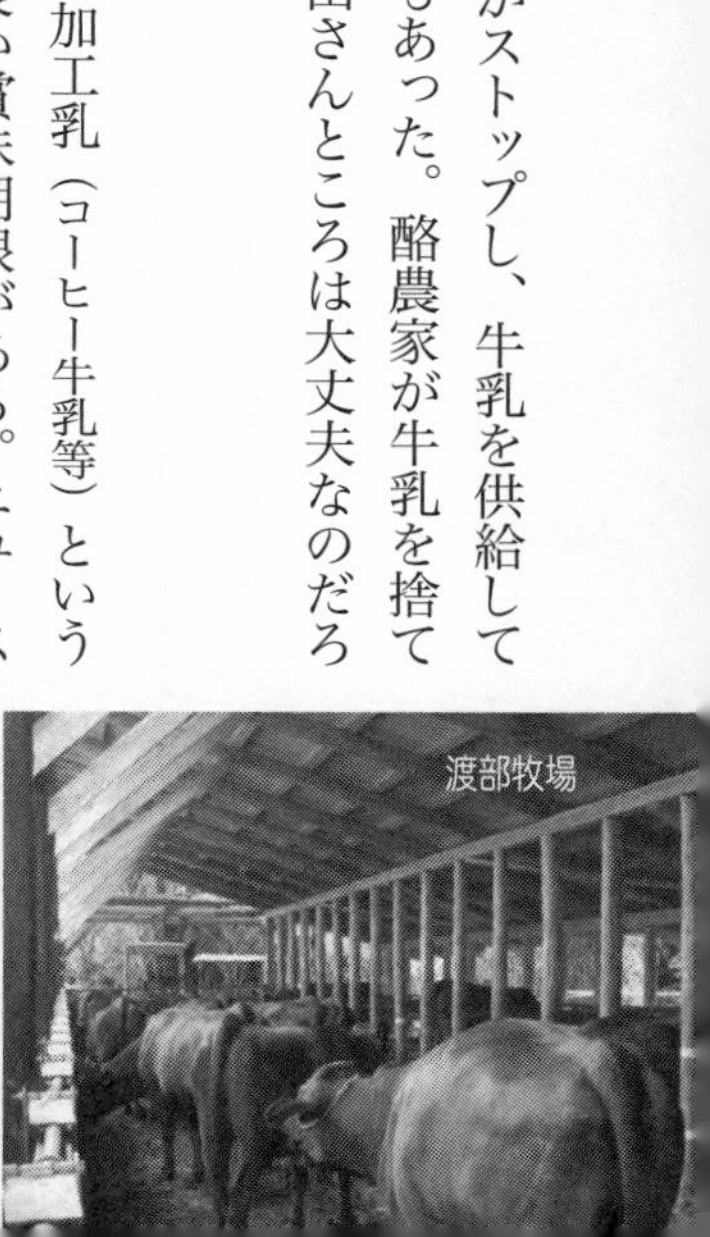
渡部牧場

蛭田牧場

十度目の師走

1 思いがけない仕打ち／牛の場合

コロナによる牛の価格下落はコロナの第一波がヤマで、少し落ちついてきたという。

価格補償の話は、そのまま「あの時」に移った。避難指示が出た時、多くは家や家畜をそのままに避難した。しかし、事態が尋常でないと思った農家の中には、トラックに牛を積んだところもあった。避難先の二本松の牧場に預けた農家もあった。明暗が分かれた。残して来た牛を避難させたいと、渡部さんたちが思った時はもう遅かった。

警戒区域への立ち入りが禁止された。4月下旬。牛の移動ができなくなった。そしてひと月もしないうち、殺処分の通達が降りる。来たのは農水省の役人だったな、渡部さんが言った。

事故が人を追い出し追いかけ、分け隔てた。残った家畜もあった。「動物を愛護する」ため。大学の被曝研究対象として。そして、南相馬・野馬追祭のために、残された。あとは残らなかった。

2 思いがけない仕打ち／人の場合

コロナは感染するが、放射能は伝染しない。スクリーニングをしない警戒区域の住民は移動してはいけない、という通達はあったのだろうか。そんなはずはない。渡部さんでさえ記憶があいまいな気がするが、それは渡部さんのせいではない。まず、膨大な量の放射線がばらまかれたことで、警戒区域の人々に健康不安が生まれた。3月末に全国の病院や赤十字が、福島にスクリーニング要員を一斉に派遣した。

行列した人々が受けたのは線量検査であって、移動を許可するか否かの検査ではない。しかし、メディアから流れた映像は、誤った認識を誘った。警戒区域の人たちはとんでもないことになっている／サーベイメーター（検査機）が反応している／あの人たちが入院もせずに避難してくる等。とりわけ首都圏の人々にパニックをもたらした。避難に使った車両の汚染もあっただろう。でも、それは第一原発で事故収拾に当たり、高線量に長時間さらされた車両ではない。一体私たちは、何を分かっていたというのだろう。

ここで「来るな！」「出て行け！」が生まれた。被災者は、スクリーニングをしなければ不安だった。この「遠方への避難前にスクリーニングを」という思いが「スクリーニングをしないと避難できない」という思いを作っていった気がする。「スクリーニングはすませて来ましたか」という、避難先での言葉が追い打ちをかける。忘れてはいけない。

この次、仮に原爆事故が起こったとき、間違いなく同じ事態が発生する。未だに多くの人が「被曝したらスクリーニングをしないと移動してはいけない」と思っている。不確かな情報と知識がそのままだからだ。

3 まんざらでもない

働きづくめでも報酬は定まらず高いわけでもない、そんな「農業」の在り方をいつも語る渡部さんだ。こんな時、かたわらで話を聞く奥さんも息子さんも、別な仕事がいい、と笑っている。しかし、朝が苦手な息子さんも出産には夜通しだし、競りの一日は見逃さない。おそらくいつの間にか、明日の流れを考えて眠りにつく日も来るに違いない。そして、ひとつひとつの動きが身につく。いや、所作や呼吸までが身体になじんで行く。

奥さんは渡部さんから指示があるわけではないが、大型機械を操る一方で、渡部さん

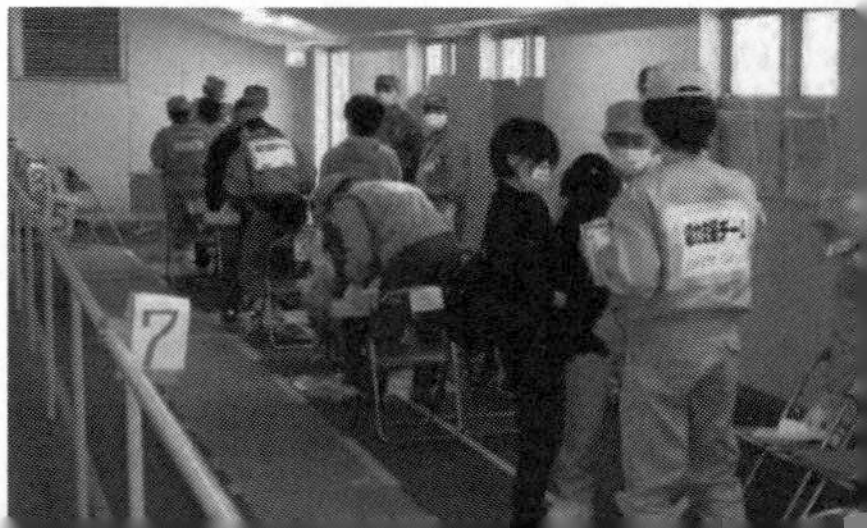
スクリーニング

の話に耳を傾ける。相方の方針にめったに反対もしないが、ここで今なにがいいのかと思案する奥さんの顔の向こうに、ふたりのあうんの呼吸が見える。

これを「生業《なりわい》」というのか、私はいつの頃からか思うようになった。自分で考える地道な作業は、百年二百年…ずっと前から、おそらく変わることなく続いてきた。おばあちゃんの嬉しそうに語る相馬の野馬追祭が、その時間に幅と重さを加える。これは「地域」ではなく「場所」なんだと、これもいつの間にか思うようになった。

では、「生業」ではなく「仕事」に就いている娘さんは、家族とどう時間を共有しているのか、気になって聞いたことがある。娘さんは必ず牛たちのところに寄って名前を呼んでから出勤し、帰宅する時もそうするそうだ。

ここには別な時間が流れている。千葉に帰る時、私の中にエネルギーが満ちているのが何故か、ようやく分かって来た。

避難の際は親戚や知り合いを頼りにして欲しいという、被災者の現実を知らない政府や行政の、最近見られる「自助」やら「共助」やらの発言である。被災者が親戚を頼った時の、肩身の狭い胃の痛むような話を、震災当時ずい分聞かされた。知らない者同士の方が、まだましだったという。

アタシはねえ、と奥さんが言う。親戚を頼って避難しても気づかいいらないから、胃の痛みに苦しむことなんかないのよ、と。だって、実家には独身のお兄ちゃんがひとりいるだけだから……。居間に笑いが響く。

最近、農業短大にいる息子さんが「これは肉質がいい」と、牧場の牛を評定するようになった。やはり勉強の成果は出るもんですねえと、こちらは感心したのだが、渡部さんは、いや、学校で教わった通りに言ってるだけだよと笑う。A5（牛肉の一番高いグレード）の牛を育てた、なんて言ってるけどよ、先生や担当の人がいねかったらできるもんじゃねえ、とも言った。

そう言いながら渡部さんの顔は、まんざらでもないのである。

天神岬に建つ北田神社、通称『天神様』。
地震で崩壊した鳥居と狛犬が、３年後に
再建された直後。

母屋の生活が始まって，巻いたエサを運んでいる奥さん。

別な時間と空

福島から、いや楢葉から帰る時、自分の中にエネルギーが満ちている。何時ごろからなのだろう、そんなことに気づいた。母屋で話していると、昼下がりに起きた顔を見せて話の輪に入る、まだ学生だった息子さん。娘さんの職場を通りかかった時、いつ来たんですか？と私の姿に気づいて声を掛けた彼女に、驚いたこともあった。黙っていると思えば滑らかに話し出す、眼鏡もかけない耳のいいおばあちゃんは、卒寿をとうに過ぎている。そして、黙々と日々を過ごし重ねる夫婦が、ここにはいつもあった。

ここには別な時間が流れている。大きな海に続く空が広がっている……………。

刊行に寄せて

渡部　昇

東日本大震災と東京電力福島第一原子力発電所事故から十年。初めての避難所生活と仮設住宅の生活の中で、自然の驚異と安全神話で建設された原子力発電所が、電源喪失により、水素爆発を招くとは信じられない思いでした。

十年過ぎた今、私は農業の再開と楢葉での生活ができています。しかしながら未だに避難生活が続く帰還困難区域の方々がいるのも事実です。少しでも早い時期に、除染等により生活が可能になることを願っています。

最後に、この十年の間復興などに沢山の方々の協力と支援を頂きました。本当にありがとうございました。

渡部さんご夫妻とおばあちゃん（著者撮影）

あとがき

琴寄政人

終戦間際、母が関西から疎開した先が福島である。疎開先は「桑の折と書いて『こおり』と読むんだよ」と言って、小さかった私に「桑折」の名前を言った。伊達郡だ。これが福島の最初の経験である。

大学の1年と2年をはさむ春休み、ヒッチハイクをした。いつも東京以西でなく、北上したいと思っていた自分は、東北にむかった。仙台・松島から、帰り道で福島を通った。阿武隈川近くに、福島県立医科大学の寮はあった。宿泊は百円だったと記憶しているが、立派な布団を用意してくれた。その時の私からすれば「年長」の学生と、大学闘争の話で夜を明かした。すっかり福島が好きになった。

学校現場を小学校から中学校に移して、親しい友人が出来た。友人の故郷は、福島のいわきだった。夏や冬に遊びに行き、娘が生まれた後もいわきの海に行った。「あれが原発だよ」と、友人は波立の海岸で遠くを指さしたが、今思えばそれは広野の火力発電所だった。その後友人は突然、脳梗塞で亡くなる。

定年退職後、それを待っていたかのように、母が弱って他界する。すると東日本大震災が起こった。友人が良く連れて行ってくれた海岸が壊滅状態だということは、原発事故のニュースと一緒に入って来た。逃げなければという気持ちが、やがて「行かないといけないんじゃないのか」という気持ちになった。母が背中を押した。

いわきの被災現場や避難所の人々を回ることは、月並みな言い方だが「元気をもらう」ことだった。しかし、いわきを久ノ浜から広野、そして楢葉へと北上するにしたがって、人々の気持ちはもっと強く見えてきた。怒りや憎悪をたたえる人たちもいっぱいいた。しかし、「あきらめ」や「憎しみ」を越えるものを持っている人たちが、そこにいた。でもそれは、「覚悟」や「決意」というものではなく、「豪快」や「泰平」というものでもなかった。自然の中での自然な営みがもたらすものなのだろうか、それはずっしり「場所」という根を下ろしていた。「なりわい（生業）」という時間を形作っていた。

これからどうするかって？

渡部さんたちは言うに違いない。

「今まで通りにやれたら、こんな幸せなことはねえよ」、と。

「刊行に寄せて」を書いてくださった渡部さん、ご家族のみなさん、そして楢葉郷、双葉郡のみなさん、場所に生きる力を教えてくださった、ほんとにありがとうございます。

琴寄政人（ことより　まさと）

1948年生まれ　小学校教員から中学校教員生活に移る。2009年定年退職。実戦教師塾主宰　こども食堂「うさぎとカメ」事務局
小学校教員時代も中学校でも、「子どものあるべき姿」を追求するのでなく、「子どものありさま」を見逃さぬことを課題とした。「いい先生」が肝心な場面で、いとも簡単に崩れるのは、「善意」がむしろ解決を困難にすることを示している。このことを現在も現場、そして保護者・当事者に向かって訴えている。実戦教師塾への報告と相談は、良いことなのかどうかわからないが、年を追うごとに増えている。また、こども食堂「うさぎとカメ」の運営の中でも、「子どもたちのありさま」は、垣間見える。
空手において、近代空手のもたらした成果と課題を踏まえるべく、武術というカテゴリーに所属する沖縄の「唐手」を学び、研鑽している。呼吸を剛柔流宗家の山口剛史先生から教授いただき、古巣の巌誠塾で検証している。稽古の中心は「ナイファンチ」である。

著作：『子ども／明日への扉』2018年（文化科学高等研究院出版局）
『震災 / 学校 / 子ども』2014年『さあ、ここが学校だ！』2010年
『学校をゲームする子どもたち』2005年（以上・三交社）など
共著：『学校幻想をめぐって』1991年　など

ブログ：実戦教師塾・琴寄政人の＜場所＞ http://blog.goo.ne.jp/kotoyorimasagoo
ウェブ　WIU WEB INTELLIGENCE UNIVERCITY
(https://tetsusanjin.wixsite.com/kotoyorimasato)

知の新書 G01

琴寄政人
大震災・原発事故からの復活
「楢葉郷農家の１０年」の場所

発行日　2021年12月20日　初版一刷発行
発行所　㈱文化科学高等研究院出版局
東京都港区高輪4-10-31　品川PR-530号
郵便番号　108-0074
TEL 03-3580-7784　　FAX 03-5730-6084
ホームページ　https://www.ehescjapan.com

印刷・製本　　中央精版印刷

ISBN　978-4-910131-23-8
C0236